v. Boehmer, Die Gruppenwasserwerke in der Provinz Rheinhessen. Heft 1.

Übersichtskarte.

KARTE
der Provinz
RHEINHESSEN

Die Gruppenwasserwerke

in der Provinz Rheinhessen.

Heft I:

1. Das Wasserversorgungswesen im Grofsherzogtum Hessen mit besonderer Berücksichtigung der Gruppenwasserversorgungen in der Provinz Rheinhessen.

2. Die Wasserversorgung des Bodenheimer Gebietes (Gruppe II).

Von

B. v. Boehmer,

Grofsh. Baurat und Vorstand der Grofsh. Kulturinspektion Mainz.

Mit einer Übersichtskarte, 4 Tafeln und 13 Abbildungen.

Sonderabdruck aus dem Journal für Gasbeleuchtung und Wasserversorgung.

München und Berlin.
Druck und Verlag von R. Oldenbourg.
1906.

Inhaltsverzeichnis.

1*

I.

Das

Wasserversorgungswesen im Grofsherzogtum Hessen mit besonderer Berücksichtigung der Gruppenwasserversorgungen in der Provinz Rheinhessen.

(Mit einer Übersichtskarte und Tafel I.)

A. Einleitung.

Dem Beispiel der Nachbarländer Baden und Württemberg folgend, hat sich auch im Grofsherzogtum Hessen die staatliche Fürsorge im letzten Jahrzehnt lebhaft des öffentlichen Wasserversorgungswesens angenommen. Man hat auch hier erkannt, wie wichtig und segenbringend eine gute zentrale Wasserversorgung für jedes Gemeinwesen ist und wie durch eine solche die Verhältnisse in ländlichen Gemeinden, sowohl in wirtschaftlicher als in sanitärer Hinsicht, verbessert und gehoben werden.

Einwandfreies Wasser wird ein immer kostbareres Gut. Einesteils nimmt mit der fortschreitenden Kultur das Bedürfnis nach gutem Wasser zu, anderseits trägt die intensiver betriebene Landwirtschaft zur Verschlechterung des Wassers im Untergrunde der landwirtschaftlichen Betriebsstätten bei. Aber nicht nur an Güte sondern auch an Menge nimmt das Wasser in vielen Gebieten ab. Sowohl im Grofsherzogtum als auch in einem grofsen Teil der angrenzenden Gebietsteile macht sich seit etwa 12 Jahren ein stetiges Zurückgehen des Grundwasserstandes bemerkbar. Die Ursachen dieser Wasserabnahme sind verschiedener Natur. In erster Linie ist es wohl der Mangel an Winterfeuchtigkeit,

dann trägt aber auch die intensive Entwässerung grofser
Geländeflächen durch Drainage und Bachregulierung viel zur
Vermehrung des Mifsstandes bei.

Wie grofs die Schädigung ist, die den Gemeinden in
wirtschaftlicher Hinsicht durch den Wassermangel entsteht,
erhellt wohl am besten daraus, dafs es in der Provinz Rheinhessen Gemeinden gibt, in denen der gröfste Teil des Brauch-
und Trinkwassers jahraus, jahrein aus Nachbargemeinden
in Fässern herbeigefahren werden mufs. Wenn derartigen
Gemeinwesen nicht durch staatliche Fürsorge für Wasser
gesorgt wird, so müssen sie über kurz oder lang eingehen.

B. Entwicklung des Wasserversorgungswesens.

Bis zur Mitte der 90er Jahre des vorigen Jahrhunderts lag
die Projektierung und Erbauung von ländlichen Wasserversorgungen in Hessen lediglich in den Händen von Privat-
unternehmern. Ein Teil der Gemeinden trug damals Bedenken,
der Errichtung einer zentralen Wasserversorgung als Gemeindeunternehmen näher zu treten, da man an einem günstigen
finanziellen Ergebnis zweifelte und die Gemeindekasse nicht
belasten wollte. Man entschlofs sich daher lieber zur Erteilung von Konzessionen an Unternehmer.

1. K o n z e s s i o n s b a u t e n. Die Erfahrungen, die mit
derartigen Konzessionsbauten gemacht wurden, sind vielfach
recht trübe. Das Bestreben der Konzessionäre war in erster
Linie dahin gerichtet, möglichst viel aus dem Werk heraus-
zuschlagen, ohne mehr als unbedingt nötig an Anlage und
Betriebskosten aufzuwenden. Dadurch ergaben sich Mifsstände aller Art. Entweder reichten die Wasserbeschaffungs-
anlagen oder die Betriebsmittel nicht aus, oder das gelieferte
Wasser war in seiner Beschaffenheit mangelhaft, oder der
Konzessionär machte Schwierigkeiten, wenn es sich um den
Anschlufs neuer Strafsen und Gebäude handelte, da ihm, im
Hinblick auf die Kosten einer ev. Erweiterung der Wasser-
fassung, eine Vermehrung der Wasserentnahme unerwünscht
war. Die Gemeinden waren meist, da sie durch geschickte,
für den Konzessionär günstige Verträge gebunden waren,
machtlos.

Die Vertragsbestimmung, dafs das Wasserwerk nach einer Reihe von Jahrzehnten, 40, 50 oder 60 Jahren, der Gemeinde kostenlos zufallen solle, die zu Anfang recht verlockend geklungen hatte, erwies sich bei näherer Prüfung meist als recht zweifelhaften Wertes, da schon beim Bau der Anlage so gespart wurde, beispielsweise durch ausgiebige Verwendung von schmiedeeisernen Rohren etc., dafs voraussichtlich nach Ablauf der genannten Frist der Wert der Leitungsanlage nur noch der von altem Eisen sein wird.

2. Bauten durch Privatingenieure. Diejenigen Gemeinden, die den Mut besafsen, die Wasserleitung als Gemeindeunternehmen zu errichten, waren, da es staatliche Behörden, die sich mit derartigen Arbeiten befafsten, noch nicht gab, darauf angewiesen, die Projektierung und Bauleitung privaten Ingenieuren zu übertragen. Auch hierbei war den Gemeinden, von einigen rühmlichen Ausnahmen abgesehen, nicht gut gedient. Vielfach mangelte es den betreffenden Technikern an Sachkenntnis. Oft waren sie nicht in der Lage, die ins Auge gefafsten Quellen auf ihre Ergiebigkeit zu prüfen, da man ihnen weder die nötigen Mittel zur Verfügung stellte, noch die erforderliche Zeit liefs. Dem rheinhessischen Charakter entsprechend wünschten die Beteiligten, wenn sie einmal über den Bau einer Wasserversorgung schlüssig geworden waren, diese auch sofort entstehen zu sehen.

Der projektierende Ingenieur war daher, wenn er nicht selbst ortskundig war, auf die Angaben der Ortseingesessenen über Beschaffenheit und Liefermenge der ins Auge gefafsten Quelle angewiesen. Wie wenig zuverlässig derartige Angaben jedoch sind, hat wohl schon jeder Wasserleitungsingenieur selbst erfahren.

Bei der Ausführung der Anlagen wurde, meist unter dem Drucke der öffentlichen Meinung, zum Schaden der guten Ausführung gar zu sparsam vorgegangen, denn erfahrungsgemäfs redet auf dem Lande bei derartigen Ausführungen jeder, der etwas davon zu verstehen glaubt, und von Brunnen und Wasserleitung glaubt jeder Landbewohner etwas zu verstehen, auch mit. Der betreffende Zivilingenieur war meist nicht in der Lage, seine Ansicht im Ortsvorstande, von dem er pekuniär abhängig war, auch mit Nachdruck und ohne persönliche Rücksichten zu vertreten, so daſs manches, was vom technischen Standpunkte zweckmäſsig war, unterbleiben muſste.

Als ein besonderer Mangel der Wasserleitungsausführungen aus jener Periode ist das Fehlen aller brauchbaren Zeichnungen und Pläne zu betrachten. Bei jedem Wasserleitungsbau, bei dem nach der Natur der Sache der Hauptteil der Anlage unter der Erde liegt, ist es dringend nötig, über Quellfassung und Leitung genaue Pläne zu besitzen, nach denen ein Wiederaufsuchen der einzelnen Teile im Boden leicht durchführbar ist. Meist ist auf Planmaterial damals wenig oder gar kein Wert gelegt worden. Schon die Projektpläne beschränkten sich darauf, den allerbescheidensten Ansprüchen zu genügen. Pläne, in denen auf Grund von Einmessungen bei der Ausführung die tatsächliche Lage der Rohrleitungen und Quellfassungen etc. in Straſsen und Grundstücken ersichtlich sind, fehlen in der Regel ganz. Der bauleitende Ingenieur hatte kein Interesse daran, diese Arbeiten, für die er kaum besonders bezahlt wurde, auszuführen, und die Gemeindeverwaltung war sich über Zweck und Wichtigkeit derartiger Pläne nicht klar, scheute auch oft die Kosten der Planfertigung. Es genügte, wenn das Wasser lief; wo die Röhren lagen, war vorerst gleichgültig.

Die Folge davon ist, daſs man bei der Aufsuchung derartiger Rohrstränge Schwierigkeiten hat, oder auch dann, wenn man ihnen bei der Ausführung anderer Bauarbeiten, z. B. Kanalisation etc., aus dem Wege gehen will, unangenehme Überraschungen erlebt. Meist werden von der Gemeindeverwaltung diejenigen Leute bezeichnet, die dabei waren, als die Leitung verlegt wurde, und die angeblich ganz genau wissen, wo sie liegt. Mit groſser Sicherheit ist jedoch darauf zu rechnen, daſs die Leitung dann gerade nicht dort liegt, wo sich der Betreffende ganz genau erinnert, daſs sie z. Z. verlegt wurde. Das nachträgliche Einmessen und Kartieren derartiger Wasserleitungen ist oft nur mit groſsen Kosten möglich.

Die Verwaltungsbehörden beschränkten sich in jener Zeit darauf, diejenigen Teile der Wasserversorgungsprojekte prüfen zu lassen, zu deren Errichtung es nach den Bestimmungen der Gewerbeordnung einer besonderen Genehmigung bedurfte; im übrigen war es den Gemeinden und den von ihnen beauftragten Technikern überlassen, in welcher Weise sie den Anforderungen, die vom Standpunkte der technischen Zweckmäfsigkeit und der öffentlichen Gesundheitspflege an eine derartige Anlage zu stellen sind, gerecht werden wollten.

C. Staatliche Organisation des Wasserversorgungswesens.

1. Gründung der Kulturinspektionen. Die Grofsh. Regierung erkannte die Mifsstände, die sich aus dem Mangel einer staatlichen Überwachung des Wasserversorgungswesens ergaben, und liefs eine gründliche Regelung dieser Materie im Jahre 1895 gleichzeitig mit der Organisation des landeskulturtechnischen Dienstes eintreten.

Den durch Verordnung vom 30. April 1895 geschaffenen Kulturinspektionen, von denen jeder Provinz eine zugeteilt wurde, fiel auch die Aufgabe zu, die Wasserversorgungen für Landgemeinden zu projektieren und auszuführen. Die drei Inspektionen, zu denen ein Jahr später noch eine vierte kam, wurden der zum Ressort des Grofsh. Ministeriums des Innern gehörigen Oberen landwirtschaftlichen Behörde unterstellt. Nach der im Jahre 1899 erfolgten Auflösung dieser Behörde trat an deren Stelle die Abteilung für Landwirtschaft, Handel und Gewerbe des Grofsh. Ministeriums des Innern.

Man war bei dieser Organisation dem Beispiel Badens und Elsafs-Lothringens gefolgt, wo man gleichfalls das Wasserversorgungswesen und das landeskulturtechnische Meliorationswesen in die Hand derselben Bezirksbehörden gelegt hat, während in Bayern das Kgl. Wasserversorgungsbureau in München als Zentralbehörde lediglich das gesamte Wasserversorgungswesen des Landes bearbeitet.

Die in Hessen gewählte Art der Organisation hat viel für sich. Der Bezirksbeamte wird fast ausnahmslos besser imstande sein, sich bei Projektierung und Ausführung von Wasserleitungsanlagen den örtlichen Verhältnissen anzupassen,

wie der Beamte einer Zentralbehörde, der seine Kenntnisse
meist nur aus Plänen und Aktenaufzeichnungen schöpfen
kann und, wenn er auch die erforderlichen Aufnahmen an
Ort und Stelle selbst macht, niemals diejenige genaue Kenntnis
der Örtlichkeiten und örtlichen Sonderverhältnisse erlangt,
wie sie der Bezirksbeamte in der Regel in dem enger um-
grenzten, ihm zugeteilten Gebiete besitzt. Man könnte ein-
wenden, dafs diesen Verhältnissen dadurch Rechnung getragen wäre, dafs man Bezirksbehörden schüfe, die sich lediglich mit dem Wasserversorgungswesen zu befassen hätten.
Dies wird für die Praxis nicht zu empfehlen sein, da der
Dienstbetrieb derartiger Behörden in bezug auf seinen Um-
fang ein sehr schwankender sein würde. Erfahrungsgemäfs
nehmen, wie dies jedoch in der Natur der Sache liegt, die
Anträge der Gemeinden auf Ausarbeitung von Wasserleitungs-
entwürfen in trockenen Jahren jeweils aufserordentlich stark
zu, während sie in nassen Jahren auf ein Minimum zurückgehen. Eine sich nur mit Wasserversorgungen befassende
Behörde wird daher nach trockenen Jahren sehr viel und
nach nassen Jahren sehr wenig zu tun haben. Derartige
Schwankungen sind aber für die Erhaltung eines brauchbaren
Stammes tüchtiger Hilfsbeamten nicht günstig und verteuern
auch bei Arbeitsmangel den Dienstbetrieb. Durch die Ver-
einigung des Wasserversorgungs- und landeskulturtechnischen
Meliorationswesens in der Hand einer Behörde wird in dieser
Hinsicht ein sehr günstig wirkender Ausgleich geschaffen, da
erfahrungsgemäfs die in der Hauptsache in der Projektierung
und Ausführung von Entwässerungen, sei es durch
offene Gräben, sei es durch Drainagen oder durch Regulierung
von Wasserläufen, bestehenden Meliorationsarbeiten fast ausschliefslich in nassen Jahren beantragt und ausgeführt werden.

Sache der Kulturinspektionen ist es, den Gemeinden bei
Projektierung und Ausführung von Wasserleitungsanlagen mit
Rat und Tat zur Seite zu stehen. Ein Zwang, die Wasserversorgungsprojekte durch die Kulturinspektionen entwerfen
und ausführen zu lassen, besteht jedoch nicht, da es jeder
Gemeinde aus Gründen der Selbstverwaltung unbenommen
ist, diese Arbeiten durch beliebige Ingenieure und Techniker

ausführen zu lassen; nur sind diese Projekte auf ihre Bauwürdigkeit vor Erteilung der Genehmigung zur Aufwendung der Mittel seitens der Verwaltungsbehörde zu prüfen, auch kann die Überwachung der sachgemäfsen Ausführung der geprüften und genehmigten Projekte angeordnet werden.

Die Gemeinden sind daher nach wie vor berechtigt, andere technische Hilfskräfte für die fraglichen Arbeiten heranzuziehen, und können auch Wasserleitungen, aufser durch private Ingenieure, durch die den Grofsherzogl. Kreisämtern beigegebenen Grofsherzogl. Kreisbauinspektoren ausführen lassen.

In der Praxis liegen die fraglichen Arbeiten jedoch mit wenigen Ausnahmen in der Hand der Kulturinspektionen, und es sind in der Provinz Rheinhessen schon seit einer Reihe von Jahren alle Wasserleitungen durch diese Behörde ausgeführt worden.

2. Ministerielle Prüfung der Wasserleitungsprojekte und Anweisung zur Projektaufstellung. Bis zum Jahre 1901 erfolgte keine ministerielle Prüfung der von den Kulturinspektionen bearbeiteten Wasserversorgungsprojekte. Die ganze Verantwortung für Projekt und Ausführung lag vielmehr bei diesen Behörden. In diesem Jahre wurde unter dem 22. April vom Grofsherzogl. Ministerium des Innern verfügt, dafs alle Wasserversorgungsprojekte, deren Ausführung die Genehmigung der Verwaltungsbehörde zu Darlehensaufnahmen seitens der Gemeinden voraussetzen oder Anträge auf Gewährung von Staatsunterstützungen erwarten läfst, vor Entschliefsung der Verwaltungsbehörde zur Prüfung an die Abteilung für Landwirtschaft, Handel und Gewerbe des Grofsherzogl. Ministeriums des Innern einzusenden sind. Die von den Grofsherzogl. Kulturinspektionen gefertigten derartigen Entwürfe sind nicht durch Vermittelung der Kreisämter, sondern direkt an genannte Ministerialabteilung gemäfs Verfügung derselben vom 12. November desselben Jahres einzusenden.

Mit der Prüfung der Projekte wurde vorerst ein Beamter in der Ministerialabteilung kommissarisch beauftragt.

Nachdem im Jahre 1902 in der Bauabteilung des Grofsherzogl. Ministeriums der Finanzen die Stelle eines vortragenden Rates in Kanalisations- und Wasserversorgungsangelegenheiten geschaffen worden ist, werden die Wasserversorgungsentwürfe jetzt vom Grofsherzogl. Ministerium des Innern jeweils an die Bauabteilung des Grofsherzogl. Ministeriums der Finanzen zur Prüfung und Begutachtung abgegeben, ehe die Genehmigung durch die Abteilung für Landwirtschaft, Handel und Gewerbe des Grofsherzogl. Ministeriums des Innern erteilt wird.

Um die Prüfung der Projekte zu erleichtern und zu beschleunigen, wurde durch die letztgenannte Ministerialabteilung an die Grofsherzogl. Kulturinspektionen unter dem 3. Dezember 1902 eine eingehende Verfügung erlassen, die diejenigen nachstehend mitgeteilten Punkte enthält, die bei Bearbeitung der Projekte und Herstellung der zeichnerischen Unterlagen besonders zu berücksichtigen sind:

1. In dem vorzulegenden Projekt sind bereits Entwürfe für den Hochbehälter und die Quellfassung auszuarbeiten. Je nach Lage des Ortes kann in den meisten Fällen entschieden werden, ob die Ausführung in Mauerwerk oder in Beton die billigere sein wird. — Bei dem Ausschreiben der Arbeiten kann vorbehalten werden, dafs auch auf Ausführung in anderem Material submittiert werden kann, wobei jedoch an den Grundlagen des Entwurfs keine Änderung eintreten darf.

2. Die Hochbehälter sind so zu konstruieren, dafs durch das Einsetzen von Zwischenwänden eine Bewegung des Wassers in denselben hervorgerufen wird.

3. Für die Hausanschlüsse ist in der Regel das Einbauen von Formstücken (A-Stücken) vorzusehen. Der Vorschlag der Verwendung von Anbohrschellen ist in jedem Falle besonders zu begründen.

4. In den Projekten ist auf Grund genauer Analysen über die chemische Zusammensetzung des Wassers zu erörtern, ob die Verwendung von Bleiröhren für die Hausleitungen Bedenken begegnet.

5. In den Lageplänen sind die Strafsennamen einzutragen. Ist eine namentliche Bezeichnung der Strafse nicht möglich, so sind die einzelnen Strafsenzüge durch Buchstaben zu bezeichnen.

6. In den Lageplänen sind die Rohrstränge zu stationieren, so dafs die einzelnen Stationen auch in den Höheplänen leicht zu finden sind.

7. Die benutzten Mafsstäbe sind auf den einzelnen Plänen darzustellen.

8. In den Höhenplänen sind die tatsächlichen Druckhöhen über Strafsenpflaster so anzugeben, dafs sie an den wesentlichsten Punkten ohne weiteres abgelesen werden können.

Zu Punkt 1 ist zu bemerken, dafs in Rheinhessen alle Behälter durchgehends billiger in Beton hergestellt werden, da der erforderliche Kies aus dem Rhein gut und billig erhältlich ist. Die in Punkt 3 erwähnten Abgänge für die Hausanschlüsse werden in den letzten Jahren fast ausnahmslos nicht mehr durch Anbohrung und Anbringung von Rohrschellen hergestellt, sondern es werden gufseiserne Abgangsstücke eingebaut, da die schmiedeeisernen Rohrschellenbügel zu leicht dem Verrosten ausgesetzt sind. Die Verwendung von Bleiröhren (Punkt 4) ist in Süddeutschland wenig üblich und kommt in Rheinhessen kaum je vor.

Neben der Prüfung der Wasserleitungsprojekte durch Grofsherzogl. Ministerium findet eine Revision der Ausführungsarbeiten durch Ministerialbeamte nicht statt. Die Leitung der Ausführungsarbeiten und die Verantwortung für die richtige und sachgemäfse Ausführung liegt lediglich in den Händen der Kulturinspektionen.

3. Organisation der Kulturinspektionen. Diesen Behörden, an deren Spitze nach der Verordnung vom Jahre 1895 wissenschaftlich gebildete technische Beamte (Bauingenieure, Amtstitel: Kulturinspektor) stehen, ist das erforderliche technische Hilfspersonal beigegeben. In der Regel ist jeder Inspektion ein Assistent (Kulturingenieur), ein oder mehrere Regierungsbauführer, eine Anzahl angestellter Kulturtechniker sowie nichtangestellter Kulturtechniker-

aspiranten, die nötigen vertragsmäfsig angenommenen Bau-
aufseher, Kulturaufseher und das erforderliche Kanzleipersonal
zugeteilt. Die Verordnung vom Jahre 1895 bestimmt, dafs
die Kulturinspektionen allen Anträgen der Gemeinden um
Mitwirkung bei Unternehmungen, ohne Einholung der Er-
mächtigung der vorgesetzten Behörde, zu entsprechen befugt
sind, soweit die Herstellung besonderer Vorarbeiten nicht erforderlich ist, andernfalls ist stets vorher Genehmigung in
jedem einzelnen Falle einzuholen. Mit Rücksicht darauf,
dafs die erstgenannten Fälle zur Seltenheit gehören, und um
eine Vereinfachung des Geschäftsganges herbeizuführen, wurde
diese Verordnung später dahin abgeändert, dafs nur dann
die ministerielle Genehmigung einzuholen ist, wenn es sich
um Arbeiten handelt, durch die die Staatskasse belastet wird.
In allen übrigen Fällen, in denen die betreffenden Gemeinden
die Kosten für Vorarbeiten, Projekt und Ausführung allein
tragen, kann die Inspektion ohne weiteres mitwirken.

Die durch die Tätigkeit der Kulturinspektionen entstehenden Kosten werden teils endgültig vom Staate über-
nommen, teils von diesem nur vorlagsweise bestritten und
von den bauenden Gemeinden zurückerhoben. Endgültig
bezahlt der Staat die allgemeinen Bureaukosten der Inspektion
sowie die Gehälter, Diäten und Reisekosten des Kultur-
inspektors und der definitiv angestellten Beamten. Zurückerhoben werden die Remunerationen, Diäten und Reisekosten
des nichtangestellten Hilfspersonals. Hierbei erfolgt die Rück-
erhebung auf Grund eines Durchschnittsatzes, der in der
Weise ermittelt wird, dafs die gesamten zurückzuerhebenden
Kosten durch die Anzahl der gesamten vom Personal im
Verlaufe eines Vierteljahres geleisteten Arbeitstage geteilt
werden, so dafs also die Gemeinden, bei deren Wasserleitungs-
unternehmen zufällig angestellte Techniker verwendet werden,
den übrigen Gemeinden gegenüber nicht im Vorteil sind.

4. Staatliche Beihilfe zu den Ausführungs-
kosten und Prüfung der neuen Anlagen durch
Ministerialkommissionen. In der Regel tragen die
bauenden Gemeinden die gesamten Kosten der Ausführung
der Wasserversorgung allein; es sind jedoch im Staatsbudget

alljährlich Mittel vorgesehen, um bedürftige Gemeinden bei Wasserleitungsbauten zu unterstützen. Irgend welche feste Regeln, nach denen bei Zuweisung dieser Unterstützungen verfahren wird, bestehen nicht, sondern es wird, sobald die Gewährung einer Unterstützung von der Verwaltungsbehörde beantragt wird, in jedem einzelnen Falle durch das Grofsherzogl. Ministerium geprüft, ob und in welcher Höhe mit Rücksicht auf die Verhältnisse der Gemeinde eine Unterstützung am Platze ist.

Infolge der ihr zur Verfügung stehenden bescheidenen Summe ist die Regierung meist nur in der Lage, einem kleinen Teil der Unterstützungsanträge zu entsprechen.

Falls einer Gemeinde eine staatliche Unterstützung zugebilligt wird, erfolgt die Auszahlung derselben erst dann, wenn durch Prüfung der fertigen Wasserleitungsanlagen seitens einer Ministerialkommission festgestellt worden ist, dafs die gesamte Anlage genau nach dem ministeriell genehmigten Projekt ausgeführt worden ist.

5. Regelmäfsige Revision der Wasserwerksanlage durch die Verwaltungsbehörde und Erlafs von Mustersatzungen. Da es vom gesundheitspolizeilichen Standpunkte wünschenswert erschien, die bestehenden Wasserleitungen von Zeit zu Zeit einer regelmäfsigen Kontrolle und sachverständigen Prüfung zu unterziehen, verfügte das Grofsherzogl. Ministerium des Innern unter dem 4. März 1902 an die sämtlichen Kreisämter, dafs die in den Landgemeinden befindlichen Wasserleitungen regelmäfsig etwa alle drei Jahre unter Zuziehung des Grofsherzogl. Kreisgesundheitsamtes und der zuständigen Grofsherzogl. Kulturinspektion einer Besichtigung zu unterziehen seien.

Gleichzeitig erfolgte durch Ministerialerlafs auch eine Regelung der durch Ortsstatut für die einzelnen Gemeinden festzusetzenden Wasserbezugsordnungen. Das vom Grofsherzogl. Ministerium mitgeteilte und von der Grofsherzogl. Kulturinspektion Darmstadt entworfene Muster eines derartigen Ortsstatuts lautet unter Berücksichtigung einiger Änderungen, die sich in der Praxis ergeben haben, wie folgt:

§ 1. Berechtigung zum Wasserbezug. Der Bezug von Wasser aus dem Wasserwerk der Gemeinde kann, sofern die Lage und Beschaffenheit des betreffenden Grundstücks dies möglich machen, einem jeden Grundstückseigentümer gestattet werden, welcher sich den in dieser Satzung enthaltenen Bestimmungen unterwirft und den von der Gemeinde geforderten Wasserzins entrichtet.

§ 2. Unterbrechung der Wasserlieferung. Eintretende Unterbrechungen der Wasserlieferung berechtigen den Abnehmer ebensowenig zu Ansprüchen an die Gemeinde als die Behauptung, daſs das Wasser nicht in genügender Menge oder Beschaffenheit oder nicht bis in die gewünschte Höhe geliefert werde.

§ 3. Beschränkung des Wasserbezugs. Wenn das Wasser zeitweise knapp wird, so ist die Gemeinde berechtigt, den Höchstverbrauch für jedes versorgte Grundstück festzusetzen und darüber zu wachen, daſs diese Festsetzungen befolgt werden. Auch ist die Gemeinde alsdann berechtigt, die Leitungen zu gewissen Tages- oder Nachtzeiten abzusperren und den Bezug nur für gewisse Tageszeiten freizugeben.

§ 4. Berechtigung zum Wasserverbrauch für Gartenbegieſsung und Luxuszwecke und Beschränkung des Bezugs. Für Grundstücke an Wegen, in welchen keine Leitungen liegen, bleibt besondere Vereinbarung vorbehalten. Bei Wassermangel ist die Gemeinde berechtigt, das Gartenbegieſsen und den Verbrauch zu Luxuszwecken so oft und so lange zu verbieten und die Leitungen abzustellen, bis wieder genügend Wasser vorhanden ist.

§ 5. Wasserbezug zu gewerblichen Zwecken. Sofern nicht besondere Abmachungen oder Verträge über dauernde Abgabe von bestimmten Wassermengen für gewerbliche und sonstige Zwecke vorliegen, ist die Gemeinde berechtigt, in Zeiten von Unterbrechungen oder von Wassermangel den Bezug zu gewerblichen Zwecken so lange einzuschränken oder zu verbieten, bis wieder genügende Wassermengen zur Verfügung stehen.

§ 6. Anmeldung. Wer aus der Gemeindewasserleitung Wasser beziehen will, hat dies auf dem Geschäftszimmer der Groſsherzogl. Bürgermeisterei durch Unterzeichnung des Anmeldebogens oder der hierüber genehmigten Satzungen für den Bezug von Wasser und der Bestimmungen über die Anlage der Privatleitungen anzuzeigen. Durch die Unterzeichnung des Anmeldebogens oder der Satzung unterwirft sich der Abnehmer allen Bestimmungen, welche in dieser Beziehung von den zuständigen Stellen demnächst etwa erlassen werden sollten. Er verpflichtet sich zugleich, abgesehen von dem Fall in § 7, zum Wasserbezug für sein Besitztum auf die Dauer von fünf Jahren, von dem Zeitpunkt der Verbindung der Anschlußleitung mit dem Hauptrohr oder der Inbetriebsetzung des Wasserwerks an. Wird drei Monate vor Ablauf des fünften Jahres von keiner Seite gekündigt, so läuft das Übereinkommen stillschweigend weiter und kann nur unter Beachtung einer am 1. Januar, 1. April, 1. Juli, 1. Oktober stattfindenden dreimonatlichen Kündigung aufgelöst werden. Wenn der Besitzer sein Haus oder Grundstück während der Dauer des Übereinkommens ohne Einhaltung der vorerwähnten Kündigung veräußert, so bleibt er so lange selbst haftbar, als der neue Erwerber nicht in rechtsverbindlicher Weise in die Verpflichtungen der Gemeinde gegenüber eingetreten ist.

§ 7. Anschlußleitungen. Anschlußleitungen werden seitens der Gemeinde bis in den zur Aufstellung eines Wassermessers geeigneten Raum und bis zum Wassermesser hergestellt. Ist ein geeigneter Raum nicht vorhanden oder unzweckmäßig gelegen, so hat der Abnehmer die Herstellung eines gemauerten Wassermesserschachtes auf seine Kosten zu besorgen. Den Platz für den Messer sowie den zur Aufstellung desselben geeigneten Raum bestimmt die Großherzogl. Bürgermeisterei. Die Gemeinde bleibt Eigentümerin der Anschlußleitung einschließlich des Wassermessers sowie des Abstellhahnens und Entleerungshahnens hinter dem Messer. Die Kosten der Herstellung der Anschlußleitung samt den oben erwähnten Abstell- und Entleerungshahnen sind vom Grundstückseigentümer zurückzuerstatten und wird hierbei, sei es zugunsten oder -ungunsten des betreffenden Grundstücksbesitzers, immer angenommen, daß das Hauptrohr in der Mitte der Fahrstraße liegt. Für den Wassermesser erfolgt eine Kostenzurückerstattung nicht, da Miete für denselben erhoben wird.

§ 8. Unterhaltung der Anschlußleitungen. Die Unterhaltung der Anschlußleitungen ist Sache der Gemeinde. Bei etwa vorkommenden Rohrbrüchen oder Undichtheiten ist deshalb der Großherzogl. Bürgermeisterei sofort Anzeige zu machen, damit eine rechtzeitige Ausbesserung möglich ist. Werden Beschädigungen an den Anschlußleitungen durch Verschulden der Abnehmer verursacht, so sind dieselben der Gemeinde gegenüber haftbar und ersatzpflichtig.

§ 9. Privatleitungen. Die Herstellung der Privatleitungen vom Wassermesserentleerungshahn ab ist Sache des Abnehmers.

Es wird demselben überlassen, von wem er die Privatleitung her-
stellen lassen will, jedoch ist dieselbe stets nach den Bestimmungen
der Gemeinde auszuführen.

Die ganze Anlage soll so eingerichtet sein, dafs sie gegen
die Einwirkungen des Frostes gesichert ist. Es ist deshalb die
Leitung tunlichst durch frostfreie Räume (Keller, Küchen) zu
führen. Wo dies nicht angängig ist, sind die Leitungen mit
schlechten Wärmeleitern zu umhüllen. Die Führung der Leitung
durch Schornsteine ist untersagt.

Als Material für die Privatleitungen werden in erster
Linie schmiedeeiserne sog. galvanisierte Röhren empfohlen, zulässig sind auch gufseiserne. Letztere sind überall da zu verwenden, wo die Leitung im Erdboden liegt, Bleiröhren sind unzu-
lässig. Die Wandstärken und Gewichte sind wie nachstehend zu
nehmen: Gufseiserne Röhren müssen folgende gleichmäfsige Wandstärken und Mindestgewichte (einschliefslich Muffe) pro lfd. m
haben:

Bei 25 mm Lichtweite 7,5 kg und 7,5 mm Wandstärke
   » 30 »   »   8,3 » » 8   »   »
   » 40 »   »   10,1 » » 8   »   »
   » 50 »   »   12,1 » » 8   »   »
   » 60 »   »   15,2 » » 8,5 »   »
   » 80 »   »   19,9 » » 9   »   »
   » 100 »   »   24,4 » » 9   »   »

Schmiedeeiserne Röhren müssen mindestens folgende Gewichte
und Wandstärken haben:

Bei 10 mm Lichtweite 0,8 kg und 2,4 mm Wandstärke
   » 13 »   »   1,25 » » 2,7 »   »
   » 20 »   »   1,8 » » 3   »   »
   » 25 »   »   2,5 » » 3,4 »   »
   » 32 »   »   3,6 » » 3,5 »   »
   » 38 »   »   4,5 » » 3,7 »   »
   » 45 »   »   5,3 » » 4   »   »
   » 50 »   »   5,7 » » 4,5 »   »

Vorstehende Zahlen und Gewichte gelten für einen Betriebsdruck bis zu 10 Atm. Wo derselbe höher ist, müssen entsprechend
stärkere Röhren genommen werden.

Zur Wasserentnahme sollen ausschliefslich Niederschraub-
hähne verwendet werden, und werden die im Handel mit schweres
Modell bezeichneten Ventile empfohlen. Vor dem Wassermesser
darf kein Zapf- oder Entleerungshahn angebracht sein. Abzweig-

leitungen in Waschküchen, Hofräumen und zu Springbrunnen müssen besondere und, wenn keine passenden Räume vorhanden sind, in Schächten angebrachte Absperr- und Entleerungsvorrichtungen erhalten.

Eine direkte Verbindung des Röhrennetzes mit Dampfkesseln oder Wasserklosetts ist untersagt. Letztere dürfen nur vermittelst Spülbehälter an die Leitung angeschlossen werden.

Wo die Häuser nicht unterkellert sind oder keine Räume vorhanden sind, um Durchgangsventilhahn, Entleerungsventil und Wassermesser unterzubringen, müssen besondere, für das Einsteigen und Ablesen genügend geräumige, vollständig entwässerte und solid abgedeckte Schächte zur Unterbringung derselben angelegt werden. Der Haupthahn, der Wassermesser und die Zuleitung zu demselben müssen vor jeder Beschädigung geschützt werden, und es muſs dem Beauftragten der Gemeinde jederzeit der Zutritt und die Einsicht möglich sein.

Jede Privatleitung muſs, bevor sie dem Gebrauch überwiesen wird oder bevor die Gemeindeverwaltung gestattet, mittels derselben Wasser aus dem neuen Wasserwerk zu entnehmen, seitens der Gemeinde einer Besichtigung und einer Probepressung auf das Doppelte des natürlichen Drucks, jedoch in der Regel nicht über 15 Atm., unterworfen werden, wozu der Unternehmer, welcher die Privatleitung fertigt, alle Geräte und Hilfskräfte bereitzuhalten hat. Die entstehenden Kosten fallen dem Grundstückseigentümer zur Last. Alle sich hierbei ergebenden Mängel und Anstände sind auf Anordnung der Gemeinde zu verbessern, ehe ein Wasserbezug stattfinden kann. Durch die Beaufsichtigung und Prüfung der Anlage übernimmt die Gemeinde jedoch keine Verpflichtung oder Gewähr für deren Güte und dauernde Haltbarkeit. In dieser Beziehung ist vielmehr der Grundstückseigentümer haftbar.

§ 10. Benutzung und Unterhaltung der Privatleitungen. Jeder Mangel an der Leitung, wie Undichtheit, Schweiſsen oder Tropfen der Leitung oder von Zapfhähnen, ist alsbald und unverzüglich durch den Grundstückseigentümer abstellen zu lassen.

Verboten ist die Abgabe von Wasser an Dritte, sei es gegen Entgelt oder unentgeltlich, verboten ist weiter jede Wasserverschwendung und nutzloses Laufenlassen des Wassers, verboten ist weiter jede Handlung, durch welche der Gang des Wassermessers beeinträchtigt werden kann.

Tritt stärkerer Frost ein, so sind, soweit die Klosetts mit Wasserleitung versehen sind, die Fenster dieser Räume geschlossen

zu halten. Während der Nacht sind die Privatleitungen zu entleeren. Gartenleitungen sind vor Eintritt des Winters zu entleeren
und während des Winters leer zu halten.

§ 11. Privatfeuerhydranten. Privatfeuerhydranten und
Feuerhähne dürfen nur bei Feuersgefahr, nicht aber zu anderen
Zwecken benutzt werden. Die Gemeindeverwaltung ist berechtigt,
dieselben mit Plomben zu versehen, die nur bei Feuersgefahr
gelöst werden dürfen. Jeder Gebrauch der Feuerhähne ist binnen
24 Stunden der Gemeindeverwaltung anzuzeigen. Beim Ausbruch
eines Brandes sind in den Privatleitungen, mit Ausnahme derjenigen zur Speisung der Dampfkessel, alle Hähne zu schließen,
sofern dieselben nicht zur Bewältigung des Brandes selbst benutzt
werden. Jeder Abnehmer ist verpflichtet, während des Brandes
seine Leitung zur Verfügung der Löschmannschaft zu stellen.
Den Betrag für diese Wasserentnahme trägt die Gemeinde.

§ 12. Messung des Wasserverbrauchs, Berechnung
und Erhebung des Wasserzinses. Zur Feststellung des
Wasserverbrauchs wird in jeder Anschlußleitung ein Wassermesser
eingebaut, dessen Angaben der Berechnung des Wasserzinses
zugrunde gelegt werden. Dieser Wassermesser wird auf Kosten
der Gemeinde beschafft und bleibt Eigentum derselben. Für die
Benutzung des Wassermessers erhebt die Gemeinde je nach der
Durchflußweite einen bestimmten Betrag pro Vierteljahr.

Die Berechnung des Wasserverbrauchs geschieht seitens der
Gemeinde nach den Angaben des Wassermessers. Setzt ein Abnehmer Zweifel in die Richtigkeit dieser Angaben, so kann er das
Ausbauen und die Prüfung des Messers beantragen. Ergibt dieselbe Fehler von weniger als $\pm 5\,^0/_0$, so hat der Abnehmer als
Entschädigung fünf Mark an die Gemeinde zu zahlen. Beträgt der
Fehler $\pm 5\,^0/_0$ oder mehr, so trägt die Gemeinde die Prüfungs-
kosten und entscheidet über die Höhe des Wasserzinses nach
billigem Ermessen. Die Prüfung der Wassermesser geschieht
durch die Großherzogl. Kulturinspektion. Die Gemeinde behält
sich Änderungen in der Höhe und Berechnung des Wasserzinses
wie auch der Wassermiete ausdrücklich vor.

Über den Wasserverbrauch und die Wassermessermiete sowie
über etwa den Abnehmern zur Last fallende Reparaturkosten usw.
wird denselben vierteljährlich von der Gemeinde eine Rechnung
zugestellt, deren Betrag binnen acht Tagen an die Gemeindekasse
zu entrichten ist. Im Unterlassungsfalle erfolgt die Beitreibung
nach den Bestimmungen über Einbringung der Gemeindeforde-

rungen. Bei länger als ein Vierteljahr verzögerter Zahlung ist die Gemeinde berechtigt, nach Beschluſs des Gemeinderats die Anschluſsleitung absperren, ev. abtrennen zu lassen. Die Gemeinde erhebt ihre Beträge stets von den Grundstückseigentümern und überläſst es diesen, sich mit etwa vorhandenen Mietern usw. zu einigen.

§ 13. Verpflichtung der Gemeinde zu Vorkehrungen wegen Reinhaltung des Wassers und Reinhaltung der Leitungen. Die Gemeindeverwaltung ist dem Wasserbezugsberechtigten gegenüber verpflichtet, alles zu tun, was zur Reinhaltung des Wassers in der Leitung dient oder zweckmäſsig erscheint, sowie darüber zu wachen, daſs alle Handlungen, welche geeignet sind, die Reinheit des Wassers zu beeinträchtigen, unterlassen werden. Insbesondere ist sie verpflichtet, darüber zu wachen und dafür zu sorgen, daſs die Sand- und Schlammfänge, Brunnenkammern, Quellkammern, Sammelkammern, Reservoire und Brunnen, die Einsteigräume dazu sowie das ganze Rohrnetz regelmäſsig in angemessenen Zeiträumen gereinigt und gespült werden.

§ 14. Verpflichtung der Gemeinde zu Vorkehrungen betreffend Frischerhaltung des Leitungswassers. Die Gemeinde ist den Wasserbezugsberechtigten gegenüber verpflichtet, alle Vorkehrungen zu treffen, welche geeignet sind, das Wasser möglichst frisch zu erhalten, und eine möglichst häufige Erneuerung des Inhalts des Rohrnetzes und des Behälters herbeizuführen. Sie hat deshalb, sobald und solange Wasser zu diesem Zwecke verfügbar ist, eine möglichst starke Erneuerung des Rohrnetzinhalts dadurch zu bewirken, daſs der gröſsere Teil des überflüssigen Wassers nicht an den Quellen oder am Behälter, sondern an den Endungen des Rohrnetzes oder anderen passenden Punkten zum ständigen Ausfluſs gebracht wird. Insbesondere hat die Gemeindeverwaltung dafür zu sorgen, daſs die Erneuerung des Inhalts der Endstränge des Rohrnetzes (sog. Sackstränge), welche häufig nicht in genügendem Maſse durch den Verbrauch bewirkt werden kann, durch ständiges oder periodisches Laufenlassen bestimmter Wassermengen herbeigeführt wird.

§ 15. Verpflichtungen einzelner Wasserabnehmer. Die von der Gemeinde dazu bestimmten Wasserabnehmer sind verpflichtet, den ihnen von der Gemeinde im Interesse der Frischerhaltung des Wassers und der Wassererneuerung gemachten Vorschriften genau nachzukommen.

§ 16. Zuwiderhandlungen. Bei Zuwiderhandlungen gegen diese Bestimmungen ist die Gemeindeverwaltung berechtigt,

eine Konventionalstrafe von M. 2 bis M. 20, deren Höhe in jedem
einzelnen Falle von der Gemeindeverwaltung festgesetzt wird und
zur Gemeinde- bzw. Wasserwerkskasse zu entrichten ist, zu ver-
hängen. Die Beitreibung dieser Konventionalstrafe erfolgt wie die
Beitreibung der Gemeindeforderungen.

§ 17. Zutritt zu den Leitungen. Die Gemeinde sowie
deren Vertreter oder Beauftragte haben das Recht des jederzeitigen
Zugangs zu sämtlichen Räumen, in welchen die Wasserleitung
verlegt ist.

§ 18. Beschwerde. Gegen die Beschlüsse der Gemeindeverwaltung oder der Vollzugsorgane und des Gemeinderats bleibt
den Beteiligten in allen Fällen das Recht der Beschwerde an das
Grofsherzogl. Kreisamt vorbehalten.

In den vorstehenden Mustersatzungen ist angenommen,
dafs die Wasserabgabe auf Grund der Angaben von Wassermessern erfolgt, was in Rheinhessen die Regel ist. Auch für
Leitungen ohne Wassermesser finden die Satzungen unter
sinngemäfser Abänderung Anwendung. In der Mehrzahl der
Gemeinden ist bestimmt, dafs jeder Abnehmer pro Jahr eine
gewisse Minimaltaxe entrichten mufs, auch wenn sein Wasserverbrauch unter dieser Summe bleibt. Die Höhe dieser
Minimaltaxe schwankt zwischen M. 8 und M. 12 jährlich. Für
den Wassermesser wird in der Regel eine Miete erhoben, die
meist jährlich M. 2 beträgt.

D. Einzelwasserversorgung.

1. Wassergewinnung. Bis zum Jahre 1901 wurden
in Hessen für ländliche Gemeinden fast ausnahmslos Einzel-
wasserwerke errichtet. Man hatte dabei das Bestreben, das
Wasser möglichst in der Nähe des Ortes oder doch mindestens
innerhalb der Gemarkung zu gewinnen. Dieser Gesichtspunkt
war der Anlafs, dafs von vielen Gemeinden unnötig Geld für
von vornherein aussichtslose Bohrungs- und Schürfungsarbeiten
ausgegeben wurde. Man unterliefs es ferner in den meisten
Fällen, vor Inangriffnahme der Wasserbeschaffungsarbeiten
geologische Gutachten einzuholen. Erst seit dem Jahre 1899
wurden in Rheinhessen die Beamten der Grofsherzogl. Geologischen Landesanstalt regelmäfsig um Abgabe von Gutachten
vor Inangriffnahme aller Wasserfassungsanlagen für Gemeinde-

wasserversorgungen ersucht. Dieses System hat sich als
sehr segensreich erwiesen, und es wurden dadurch viele un-
nötige Ausgaben vermieden und Zeit und Mühe erspart.
Der Grund, aus dem in der Mehrzahl der Gemeinden eine
Abneigung dagegen besteht, Wasser aus einer Nachbargemeinde
herbeizuleiten, liegt, abgesehen von der allgemeinen Abneigung
der Landbewohner gegen alles von aufsen Kommende, in den
Bestimmungen über Brunnen und Quellen des in Hessen
geltenden Wasserrechts.

2. Bestimmungen des Hessischen Wasserrechts über Brunnen und Quellen. Artikel 5 des
Gesetzes über die Bäche und nicht ständig fliefsenden Ge-
wässer im Grofsherzogtum Hessen vom 30. September 1899
bestimmt, dafs das Wasser, welches sich in Teichen, Zisternen
und Brunnen befindet, sowie das auf einem Grundstück ent-
springende oder sich darauf natürlich sammelnde Wasser,
solange es von dem Grundstücke nicht abgeflossen ist, im
Privateigentum steht. Nach Artikel 7 desselben Gesetzes
kann Quellwasser, welches für öffentliche Zwecke oder zur
Befriedigung eines unabweislichen wirtschaftlichen Bedürf-
nisses der Gemeinde, in deren Gemarkung die Quelle liegt,
erforderlich ist, unter Anwendung des Gesetzes über die Ent-
eignung von Grundeigentum zur Befriedigung der obenge-
nannten Zwecke in Anspruch genommen werden. Die Gemeinde ist daher nur in der eigenen Gemarkung gegebenen-
falls in der Lage, Quellwasser zu expropriieren, während ihr
in der fremden Gemarkung dieses Recht nicht zusteht.

3. Betriebsergebnisse der Einzelwasserver-
sorgungen. Die Betriebsergebnisse der Einzelwasserver-
sorgungen sind, wie aus der Zusammenstellung auf Tafel I
hervorgeht, die 20 besonderes Interesse bietende Gemeinden
der Provinz umfafst und die sich auf das Betriebsjahr 1904 er-
streckt, sehr wechselnde und vielfach ungünstige.

Wie aus dieser Zusammenstellung ersichtlich, schwankt
der mittlere Wasserverbrauch pro Kopf und Tag zwischen
15,55 (Ort Nr. 4) und 45,48 l (Ort Nr. 18). In den
Orten Nr. 4, 6, 7 und 15, die in der Nähe gröfserer Städte
(Mainz bzw. Frankfurt a. M.) liegen, und die eine zahlreiche

Arbeiterbevölkerung haben, ist der Wasserverbrauch bei weitem geringer wie in den Orten mit vorwiegend Landwirtschaft treibender Bevölkerung. Die Wasserabgabe erfolgt in sämtlichen Gemeinden vermittels Wassermessern. Die Zahl der Personen, die auf eine Anschlußleitung entfällt, ist ziemlich wechselnd und hängt von der Bevölkerungsdichtigkeit ab. In rein ländlichen Gemeinden kommen 5 bis 6 Personen auf eine Anschlußleitung, in Vorstadtorten bis nahezu 12 Personen. Die hohe Personenziffer (13,81) bei Gemeinde Nr. 8 erklärt sich aus dem Vorhandensein von 13 öffentlichen Ventilbrunnen, die eine große Anzahl der in der unmittelbaren Nähe derselben wohnenden Hausbesitzer bestimmte, keine Privatanschlußleitungen für ihre Gebäude ausführen zu lassen. Im allgemeinen ist man von der Aufstellung von öffentlichen Ventilbrunnen ganz abgekommen, da sie sowohl in der Anschaffung als Unterhaltung kostspielig sind und die Einnahmen der Gemeinde schädigen. In den übrigen 19 Gemeinden sind daher öffentliche Brunnen nur in Schul- und Friedhöfen aufgestellt worden.

Die Erfahrung hat gelehrt, daß man in der Provinz Rheinhessen mit den bekannten Zahlen zur Berechnung des Maximaltagesbedarfes für Landgemeinden, d. i. 50 l pro Kopf der Bevölkerung, 50 l pro Stück Großvieh und 10 l pro Stück Kleinvieh, da wo Wassermesser Verwendung finden, sehr gut auskommt. Dagegen ist es verfehlt, wie es früher häufig geschah, die Hälfte dieser Zahlen als mittleren Tagesbedarf einer Rentabilitätsberechnung zugrunde zu legen, da man bei dieser Art der Berechnung meist zu günstige Resultate herausrechnet. Wenn man sicher gehen will, sollte man nicht mehr als ein Viertel des Maximalbedarfes als Durchschnittsbedarf in Rechnung bringen.

Bisher werden in Rheinhessen Leitungen mit künstlicher Wasserförderung stets mit Wassermessern versehen. Neuerdings beabsichtigt man hiervon abzugehen und Wassermesser nur in Ausnahmsfällen zu verwenden. Wassermesser sind nur da am Platze, wo mit dem Wasser sparsam umgegangen werden muß, da es nicht möglich ist, ohne unverhältnismäfsige Kosten weiteres Wasser zu beschaffen. Allerorts jedoch, wo reichlich Wasser vorhanden ist, ist ein zu sparsames Umgehen mit dem Wasser sowohl in wirtschaftlicher als sanitärer Hinsicht unangebracht. Auch bei Leitungen mit künstlicher Wasserförderung sind die Förderungskosten fast nie so hoch, dafs sie nicht durch die Mehrabgabe von Wasser reichlich gedeckt werden, die sofort eintritt, wenn die Wasserabgabe ohne Wassermesser erfolgt.

Die Wasserverbrauchszahlen dieser Zusammenstellung lassen klar erkennen, wie sehr die Landbevölkerung mit Wasser spart, wenn ihr dasselbe mit Wassermessern zugemessen wird. Ein Fortfallen der Messer wird allerorts eine erhebliche Vermehrung des Wasserverbrauchs und damit eine Verbilligung des Wassers zur Folge haben, denn je weniger Wasser ein Wasserwerk an seine Abnehmer abgibt, je höher stellt sich der Einheitspreis. Es liegt daher sowohl im Interesse der Gemeinde als der einzelnen Abnehmer, dafs der Wasserverbrauch nicht künstlich beschränkt wird.

Die Gemeinde, bzw. die sie bildenden Ortseinwohner müssen die gesamten, durch das Wasserwerk entstehenden Kosten (Amortisation, Verzinsung und Betriebskosten) auf alle Fälle zahlen, entweder in der Form von Vergütung für entnommenes Wasser oder in der Form von erhöhten Gemeindeumlagen zur Deckung der Fehlbeträge des Wasserwerkes. Die Summe, die also theoretisch den einzelnen Ortsbürger trifft, ist in beiden Fällen genau dieselbe. Der Einzelne erhält nur, wenn die Wasserentnahme nicht durch Wassermesser künstlich beschränkt ist, für dasselbe Geld (die Steigerung der Betriebskosten ist so unbedeutend, dafs sie nicht ins Gewicht fällt) erheblich mehr Wasser und kann aus dem Wasserwerk einen erheblich gröfseren Nutzen ziehen wie im gegenteiligen Falle.

Ein weiterer Umstand spricht ferner noch gegen die Wassermesser, es ist dies die in vielen Landgemeinden eingerissene Unsitte der Wasserdefraudation, die in der Weise geübt wird, dafs der Zapfhahn nur ganz unbedeutend geöffnet und der dünne ausfliefsende Wasserstrahl in einem Gefäfs aufgefangen wird. Die wenigsten Wassermesser sind so empfindlich, dafs sie Wassermengen unter 20 l pro Stunde

noch anzeigen; es können daher auf diese Weise, wenn der
Mifsbrauch systematisch betrieben wird, in jeder Nacht 150 bis
200 l Wasser der Leitung entnommen werden, ohne dafs der
Wassermesser dies anzeigt. Dieser Unfug ist schwer abzustellen; auch wenn die Bediensteten der Gemeinde noch so
aufmerksam sind, wird es in der Regel gewinnsüchtigen
Leuten doch gelingen, sie auf diese Art zu täuschen.

Von diesem Gesichtspunkte aus empfiehlt es sich daher
in allen Fällen, in denen genügend Wasser zur Verfügung
steht, in der Regel keine Wassermesser einzubauen, sondern
die Abnehmer in irgend einer Form einzuschätzen. Diese
Einschätzung kann nach dem Mietwert der Gebäude, nach
der Zahl der Zapfstellen, nach Kopf und Viehzahl u. dgl. m.
erfolgen. In einer Anzahl von Gemeinden sind nachfolgende
Sätze üblich:

1. Für jede Anschlufsleitung eine jährliche
   Grundtaxe von . . . . M. 7 bis 20

   Hierzu kommen:

2. Für jede im gleichen Haus wohnende
   Familie, wenn angeschlossen, Zuschlag von » 3 » 10
3. Für jeden Mieter im Hause, wenn nicht
   angeschlossen, Zuschlag von . . . . . » 0 3
4. Für Gewerbetreibende, Zuschlag von . . » 1 » 100
5. Für Gastwirtschaften, Zuschlag von . . . » 1 » 10
6. Für Bäckereien, Zuschlag von . . . . . » 2 » 5
7. Für Metzgereien, Zuschlag von . . . . . » 5 » 20
8. Für Schmiede und Schlosser, Zuschlag von » 1 » 3
9. Für Landwirte mit 1 bis 3 Stück Grofsvieh,
   Zuschlag . . . . bis M. 1
10. Für desgleichen für jedes weitere Stück,
    Zuschlag . . . . » » 0,50
11. Für ein Wasserkloset, Zuschlag . . . . » » 5
12. Desgleichen für jedes weitere Wasserkloset, » » 3
13. Für jedes Pissoir mit Wasserspülung pro
    Stand . . . . » » 5
14. Für jedes Wannenbad einschliefslich Brause,
    Zuschlag . . . . » » 5
15. Für jedes Brausebad, Zuschlag . . . . » » 2

16. Für öffentliche Badeanstalten, Zuschlag von   M. 10 bis 100
17. Für Gartenanlagen, wenn das Wasser vermittelst Kannen an der Zapfstelle im Hause entnommen wird, Zuschlag von . .   › 1 › 5
18. Für Gartenanlagen, wenn Zapfstellen im Hofe benutzt werden, Zuschlag von   . .   › 2 › 10
19. Für Gartenanlagen, wenn besondere Leitung im Garten selbst angelegt ist, Zuschlag von   › 10 › 50
20. Für Bauzwecke, Zuschlag von . . . . .   › 10 › 20
21. Für Springbrunnen, Zuschlag von   . . .   › 10 › 50

Bei Einschätzung nach Kopf und Viehzahl fanden nachstehende Sätze wiederholt Anwendung:

1. Für einen Haushalt von 1 Person pro Monat M. 0,60
2. › › › › 2 Personen › › › 0,80
3. › › › › 3 › › › › 0,90
4. › › › › 4 › › › › 1,—
5. › › › › 5 › › › › 1,10
6. › › › › 6 › › › › 1,20
7. › › › › 7 › › › › 1,25
8. › › › › 8 und mehr Personen › 1,30
9. Zuschlag für ein Stück Grofsvieh . . . . . . › 0,32
10. › › › Kleinvieh . . . . . . › 0,08
11. An Gewerbetreibende, wie Metzger, Bäcker, Wirte an Kellereien, Industrielle und Besitzer von Hausgärten mit mehr als 400 qm Fläche erfolgt die Wasserabgabe nur durch Wassermesser, wobei die Einschätzungssumme für Haushalt und Viehstand, mindestens aber der Betrag von M. 1 pro Monat als Minimaltaxe gilt.
12. Besondere Gartenanschlüsse erhalten ebenfalls Wassermesser und beträgt die Minimaltaxe jährlich M. 6.

Der durch die Verwendung von Wassermessern künstlich in die Höhe geschraubte Wasserpreis ist auch die Ursache, dafs sich von den ländlichen Wasserversorgungen der weitaus gröfste Teil nicht rentiert. Von den 20 Wasserwerken der Zusammenstellung werfen nur 5 einen Gewinn ab. Davon sind vier Leitungen mit Pumpwerk versehen und eine Leitung wird mit natürlichem Gefälle gespeist. Der Wasserpreis pro cbm beträgt in drei Fällen 15 Pf., in drei Fällen 20 Pf., in neun Fällen 25 Pf., in drei Fällen 30 Pf. und in einem Falle sogar 35 Pf. Die vier sich rentierenden Wasserwerke mit Pumpwerk

haben sämtlich über 3000 Einwohner, alle übrigen Anlagen, abgesehen von der einen Gravitationsleitung, bedürfen ausnahmslos
eines regelmäfsigen jährlichen Zuschusses aus Gemeindemitteln.

Die Erbauung kleiner Wasserwerke ist somit nach der
Lage der Verhältnisse in der Provinz Rheinhessen als ein von
kaufmännischem Standpunkte unrentables Unternehmen zu
bezeichnen. Günstigere Verhältnisse lassen sich nur dadurch
schaffen, dafs man mehrere Gemeinden gleichzeitig von einem
Wasserwerk aus versorgt. Diese Erkenntnis hat mit dazu
beigetragen, für die Prozinz Rheinhessen von der Versorgung
durch Gruppenwasserwerke in weitgehendstem Mafse Gebrauch
zu machen. Diese Art der Wasserversorgungen soll in nachstehendem näher behandelt werden.

E. Gruppenwasserversorgungen.

1. Die technischen Gründe, die zur Erbauung
von Gruppenwasserversorgungen Anlafs gaben.
Abgesehen von den obigen Erwägungen von wirtschaftlichem
Standpunkt aus waren es auch technische Gründe, die in der
Provinz Rheinhessen den Anlafs dazu gaben, gröfsere Gemeinde-
gruppen von Zentralwasserwerken aus zu versorgen.

Die geologische Beschaffenheit des Mainzer Beckens ist
der Bildung von stärkeren Quellen und Grundwasseradern
nicht günstig. Der ganze mittlere Teil der Provinz weist auf
den Höhen ausgedehnte Flächen von Cyrenenmergel auf, der
an vielen Orten von Löfs überlagert ist. Unter diesen Schichten
liegen Bänke von Cerithien- und Korbikularkalken von meist
geringer Mächtigkeit und unter diesen in der Regel Tonschichten von bedeutender Tiefe. In den wenigen Flufstälern
mit geringem Gefälle liegen spärliche Schichten von Diluvial-
sand und Schotter. An einigen Stellen zeigen sich unter
dünneren Tonschichten Meeressande. In der Richtung von
Süd-West nach Nord-Ost zieht ein Streifen des mittleren und
oberen Rotliegenden von den Ausläufern des Haardtgebirges
bis zum Rheine.'

Wasser führen von den genannten Schichten nur die
Kalke, die Meeressande und das Rotliegende. Ab und zu

sind in dem Cyrenenmergel dünne Schleichsandschichten eingelagert, die manchmal auch Wasser in ganz geringen Mengen bringen. Für hochgelegene Quellen kommen nur die Kalke und die Meeressande in Betracht. Da die Provinz aber so gut wie gar keinen Wald hat, da ferner Rheinhessen eine der regenarmsten Gegenden Deutschlands ist und da schliefslich Winterfeuchtigkeit, insbesondere Schnee, seit einer Reihe von Jahren fast ganz ausgeblieben ist, ist die Ergiebigkeit der Quellen in stetigem Rückgang begriffen. Ein grofser Teil derselben ist sogar in den letzten Jahren vollständig verschwunden. Die Folge davon ist, dafs alle die Gemeinden, die mit natürlichem Gefälle von hochgelegenen Quellen versorgt sind, alljährlich im Sommer mit wenigen Ausnahmen unter Wassermangel zu leiden haben.

Auch auf die Leitungen, die durch Pumpwerke versorgt werden, ist kein Verlafs: namentlich verschwinden mit dem Wasser der Bäche, die im Sommer ganz auszutrocknen pflegen, auch das Wasser der spärlichen diluvialen Sand- und Schotterschichten der Täler.

Infolge dieser mifslichen Verhältnisse ist eine sichere Versorgung der ganzen mittleren Provinz nur von den angrenzenden Tälern der grofsen Flüsse Rhein, Main und Nahe möglich. Am günstigsten liegen die Verhältnisse im R h e i n t a l. Der Rhein umfliefst die Provinz in grofsem Bogen und bildet ihre östliche und nördliche Grenze, während die Nahe nach West abgrenzt. Zwischen dem Rhein und dem Talabhang liegen durchgehends bedeutende Kiesablagerungen, die stellenweise mehrere Kilometer breit sind und Tiefen von 40 und mehr Metern aufweisen. Die in diesen Kiesen fliefsenden Grundwasserströme, die sich meist in spitzem Winkel nach dem Rheine zu bewegen, sind imstande, ganz aufserordentliche Wassermengen zu liefern. Im unteren M a i n t a l liegen die Verhältnisse weniger günstig, da hier die Kiesschichten nicht annähernd so mächtig wie im Rheintal sind, auch würde eine Beileitung von Wasser aus dem Maintal eine Kreuzung des Rheines mit der Zuleitung bedingen, die in der Anlage teuer und im Betriebe mifslich wäre. Das N a h e t a l besitzt wasserführende Schichten, die zwar aus sehr groben Geschieben bestehen, aber nicht sehr mächtig sind, so dafs, um gröfsere Wassermengen zu gewinnen, sehr ausgedehnte Fassungsanlagen erforderlich werden.

Aus diesen Gründen wurden von den fünf Zentralpumpwerken, die zur Speisung der Gruppenwasserversorgung für die Provinz zu dienen haben, vier in das Rhein- und eines in das Nahetal verlegt. Das letztere versorgt den westlichen Teil der Provinz, während von den Werken im Rheintal eines für den südlichen, zwei für den östlichen und mittleren und eines für den nördlichen Teil dient.

2. Projektierung und Verbandsbildung. Die Projekte für die Gruppenwasserversorgungen wurden in allen Fällen durch die zuständige technische Staatsbehörde, d. i. die Kulturinspektion Mainz, ausgearbeitet. Die Kosten der Voruntersuchungen und Projektaufstellung trug in den Fällen, in denen nicht besonders interessierte Gemeinden, dieselben aus eigenen Mitteln aufbrachten, die Staatskasse. Die Verhandlungen mit den beteiligten Gemeinden wurden in der Weise geführt, dafs zuerst ein genereller Entwurf ausgearbeitet und den Ortsvorständen zur prinzipiellen Beschlufsfassung vorgelegt wurde. Alsdann wurde unter Berücksichtigung derjenigen Gemeinden, die im Prinzip zugestimmt hatten, der definitive Entwurf gefertigt und dem Grofsherzogl. Ministerium zur Prüfung und Genehmigung unterbreitet. Es bot dieses Verfahren den Vorteil, dafs spätere Umänderungen des Projektes vermieden wurden. Nach Genehmigung des Projektes wurden von den Ortsvorständen bevollmächtigte Vertreter gewählt, die zur formellen Bildung des Verbandes zusammentraten und die gleichzeitig auch Mitglieder des Ausschusses des neuen Verbandes wurden. Die konstituierende Versammlung beriet das Verbandsstatut, mit dessen Annahme der Verband gebildet war.

3. Rechtliche Form der Verbände. Die Bildung der Verbände war nach zweierlei Rechtsform möglich:

      a) als Verein,

      b) als Gesellschaft.

Nach § 21 u. ff. des Bürgerlichen Gesetzbuches erlangen nur die Vereine, deren Zweck nicht auf einen wirtschaft-

lichen Geschäftsbetrieb gerichtet ist, durch gerichtlichen Eintrag die Rechtsfähigkeit, während Vereinen, die wirtschaftliche
Betriebe bezwecken, die juristische Persönlichkeit nur durch
staatliche Verleihung erhalten können. Auf Vereine, die nicht
rechtsfähig sind, finden die Vorschriften über die Gesellschaft
Anwendung.

Als Mitglieder der Verbände konnten schon mit Rücksicht auf die Finanzierung des Unternehmens stets nur die
einzelnen Gemeinden, niemals die einzelnen Gemeindemit-
glieder und Wasserkonsumenten in Frage kommen, da die
erforderliche Kapitalaufnahme nur dann zu bewirken war,
wenn die Gemeinden als Verbandsmitglieder die solidarische
Bürgschaft übernahmen.

Von einer Bildung der Verbände in der Form nicht
rechtsfähiger Vereine war somit wenn irgend möglich abzu-
sehen, da die mangelnde Rechtsfähigkeit erfahrungsgemäfs
nach den verschiedensten Richtungen hindernd und lähmend
auf die Verbandstätigkeit wirkt. Schon die Erwerbung von
Grundeigentum und der gerichtliche Eintrag derartigen Eigen-
tums würde bei den neuen Wasserversorgungsverbänden
mangels hierfür geeigneter Rechtstitel auf Schwierigkeiten
gestofsen sein.

Auch bei der Rechtsform der Gesellschaft würden derartige Rechtsgeschäfte namentlich dann, wenn es sich um
eine gröfsere Anzahl von Gesellschaftern gehandelt hätte, auf
Schwierigkeiten gestofsen sein. Noch schwieriger wie beim
Kauf und Eintrag von Grundeigentum würden sich die Verhältnisse beim Verkauf, Löschung oder gar bei Abteilung
beim Austritt eines Gesellschafters gestalten.

Der rechtsfähige Verein bietet der Gesellschaft gegenüber
auch die Gewähr einer besseren und ständigen Handhabung
der staatlichen Aufsicht über diese, lediglich dem öffentlichen
Interesse dienen sollenden Unternehmungen. Dadurch, dafs
die Vereinssatzungen, auf Grund deren dem Verein vom
Grofsherzogl. Ministerium die Rechtsfähigkeit verliehen wird,
nur mit Genehmigung der Verwaltungsbehörde geändert
werden können, ist es dem Verein unmöglich gemacht, die staatliche Aufsicht ganz abzuschütteln oder abzuschwächen. Dies

ist bei der Gesellschaftsform nicht der Fall, da hier der Gesellschaftsvertrag durch Übereinkunft der Gesellschafter Änderungen erfahren kann.

Schwierig gestaltete sich die Rechtslage in den Fällen, in denen die Zahl der Verbandsmitglieder weniger als sieben betrug, da nach § 56 des Bürgerlichen Gesetzbuches die Eintragung von Vereinen in das Vereinsregister nur dann erfolgen soll, wenn die Zahl der Mitglieder mindestens sieben beträgt. Die Vorschrift bezieht sich jedoch nur auf eingetragene Vereine und nicht auf solche, die durch staatliche Verleihung die juristische Persönlichkeit zu erhalten wünschen und ist aufserdem nicht zwingenden Rechtes, so dafs die Rechtsfähigkeit auch in diesen Fällen unter Umständen verliehen werden kann. Da aber die Vorschrift des § 56 des Bürgerlichen Gesetzbuches von der Voraussetzung ausgeht, dafs für Vereine mit weniger als sieben Mitgliedern ein Bedürfnis die Rechtsfähigkeit zu erlangen, in der Regel nicht besteht, so wird ein derartiges Gesuch in jedem einzelnen Falle besonderer Begründung bedürfen. Als Grund für die Wahl der Vereinsform und Verleihung der Rechtsfähigkeit wird in jedem Falle besonders der Umstand zu gelten haben, dafs sich voraussichtlich die Mitgliederzahl des Vereins durch Beitritt weiterer Gemeinden zum Wasserversorgungsverbande in absehbarer Zeit vermehren und die Zahl 7 erreicht oder überschritten wird.

Eine weitere Schwierigkeit ergab sich daraus, dafs die neugebildeten Verbände bis zur Verleihung der Rechtsfähigkeit durch Grofsherzogl. Ministerium, die auf dem Instanzenwege nachgesucht, immerhin erst nach längerer Zeit erfolgte, nicht rechtsfähige Vereine waren. Nach § 54 des Bürgerlichen Gesetzbuches haftet aus einem Rechtsgeschäft, das im Namen eines solchen Vereins einem Dritten gegenüber vorgenommen wird, der Handelnde persönlich, handeln mehrere, so haften diese als Gesamtschuldner. Durch diese Bestimmung hätten daher der Verbandsvorsitzende bzw. die Mitglieder des Verbandsausschusses beim Eingehen aller Rechtsgeschäfte eine weitgehende persönliche Verantwortung übernehmen müssen oder der Verein hätte seine Tätigkeit aussetzen müssen, bis nach erfolgter Verleihung der Rechtsfähigkeit. Dies war aber aus verschiedenen Gründen, ohne Verluste an Zeit und Geld nicht durchführbar.

Um diesen Mißständen zu begegnen, beschloß der Verbandsausschuß, daß die neuen Vereinssatzungen mit der Maßgabe sofortige Anwendung zu finden hätten, daß der Wasserversorgungsverband bis zur Verleihung der Rechtsfähigkeit Gesellschaft im Sinne des § 705 ff. des Bürgerlichen Gesetzbuches zu verbleiben habe. Dadurch wurden die Verbandsvertreter entlastet und die Verantwortlichkeit und Haftpflicht auf die Gesellschafter, d. h. die einzelnen Verbandsgemeinden übertragen.

4. Entwurf der Satzungen eines rechtsfähigen Vereins zum Bau und Betrieb einer Gruppenwasserversorgung. Nachstehend ist der Entwurf der Satzungen eines im Sinne obiger Ausführungen gebildeten Wasserversorgungsverbandes mitgeteilt.

I. Zweck, Sitz und Name des Vereins.

§ 1. Der von den Gemeinden . . . . . . begründete Verein bezweckt den Bau und Betrieb einer Wasserversorgungsanlage für das . . . . . Gebiet und hat seinen Sitz in . . . . Der Name des Vereins lautet nach Verleihung der Rechtsfähigkeit durch Großherzogliches Ministerium des Innern ›Wasserversorgungsverband für das . . . . Gebiet‹ rechtsfähiger Verein gemäß Verleihungsurkunde Großherzoglichen Ministeriums des Innern vom . . . .

II. Vereinsvermögen.

§ 2. Die gesamte Wasserversorgungsanlage ist Eigentum des Verbandes. Dieselbe wird nach dem von Großherzoglicher Kulturinspektion ausgearbeiteten und von Großherzoglichem Ministerium des Innern, Abteilung für Landwirtschaft, Handel und Gewerbe geprüften und gebilligten Projekt, Kostenvoranschlag und Rentabilitätsberechnung erbaut. Das Vermögen des Vereins besteht ferner aus den zur Verfügung stehenden Kapitalien und aus den Betriebseinnahmen. Der Verband verteilt den sich aus dem Betriebe etwa ergebenden Reingewinn an seine Mitglieder nach Maßgabe des von denselben in den letzten 5 Jahren bezogenen Wasser-

3

quantums. Nach dem gleichen Verhältnis haften die Mitglieder
für den etwa aus dem Betrieb erwachsenden Verlust. Sind zur
Zeit der Verteilung der Gewinnraten oder der Anforderung der
Verlustanteile 5 Jahre seit Gründung des Verbandes noch nicht
verflossen, so tritt an Stelle dieses Zeitabschnittes der bis dahin
abgelaufene Zeitraum.

III. Mitgliedschaft.

A. Ein- und Austritt.

§ 3. Mitglieder des Vereins sind die in § 1 genannten Gemeinden. Der Eintritt weiterer Gemeinden als Mitglieder unterliegt
der Genehmigung des Ausschusses (§ 8) und der staatlichen Auf-
sichtsbehörden (Grofsherzogliches Kreisamt und Grofsherzogliches
Ministerium des Innern). Der Austritt aus dem Vereine ist nur
am Schlusse eines Geschäftsjahres und erst nach Ablauf einer
zweijährigen Kündigungsfrist zulässig. Die austretende Gemeinde
hat dem Verbande bei ihrem Austritt einen Betrag zu entrichten,
welcher der Höhe der Aufwendungen entspricht, die dadurch ent-
standen sind, dafs die betreffende Gemeinde an die Wasserversorgung angegliedert worden ist. Bei Berechnung der zu leistenden
Summe sind die während der Dauer der Mitgliedschaft erfolgten
Abschreibungen in Anrechnung zu bringen.

B. Beiträge.

§ 4. Das zur Bestreitung der Anlagekosten erforderliche
Kapital ist durch ein Anlehen aufgenommen, für welches die Mitglieder solidarisch haften. Für später aufzunehmende Kapitalien
zur Bestreitung der Kosten von Neu- und Umbauten, sowie Reparaturen oder anderer Ausgaben, falls dieselben nicht aus Betriebseinnahmen gedeckt werden, haften die Mitglieder als solidarische
Bürgen. Für das aus diesen Verpflichtungen sich ergebende Verhältnis der gesamtschuldnerischen Vereinsmitglieder zueinander
findet die Bestimmung des § 2, Abs. 3 entsprechende Anwendung.

IV. Organe des Vereins.

1. Vorstand.

§ 5. Der Vorstand besteht aus dem Vorsitzenden des Ausschusses. An die Stelle des Vorsitzenden tritt in dessen Verhinderung der zweite und in dessen Verhinderung der dritte Vorsitzende. Der Vorsitzende und die Stellvertreter werden von dem
Ausschufs (§ 8) auf die Dauer von 5 Jahren gewählt.

§ 6. Der Vorsitzende führt die laufenden Geschäfte. Er be-
ruft die Sitzungen, bereitet die Beschlüsse vor und trägt für deren
Ausführung Sorge. Der Vorsitzende ist verpflichtet, den Ausschuſs
zu berufen, wenn dies von mindestens der Hälfte der Mitglieder
beantragt wird. Weigert der Vorsitzende die Einberufung, so ist
auf Antrag der die Einberufung verlangenden Ausschuſsmitglieder
durch Groſsherzogl. Kreisamt die Einberufung zu verfügen und
hierzu ein Verhandlungsleiter zu bestimmen.

§ 7. Der Verein wird gerichtlich und auſsergerichtlich durch
den Vorstand vertreten. Der Vorsitzende führt auch den Vorsitz
in dem Ausschuſs und in den von demselben bestellten Deputationen, soweit nicht ein anderes ausdrücklich bestimmt wird.
Die Ausfertigung von Urkunden werden namens des Vereins von
dem Vorsitzenden oder in dessen Verhinderung von einem seiner
Stellvertreter gültig unterzeichnet; Schuldscheine, sowie Urkunden
über Erwerb und Veräuſserung von Immobilien oder Immobiliarrechten müssen auſser von dem Vorsitzenden auch noch von drei
durch den Ausschuſs beauftragten Mitgliedern desselben unter-
schrieben sein.

2. Ausschuſs.

§ 8 Der Ausschuſs (Mitgliederversammlung) setzt sich aus
den von den Vereinsmitgliedern ernannten und bevollmächtigten
Vertretern zusammen. Jede Gemeinde entsendet in den Ausschuſs
den Bürgermeister und in dessen Verhinderung den gesetzlichen
Stellvertreter, sowie je einen vom Gemeinderat auf 5 Jahre gewählten Vertreter. Die Vertreter müssen aus den nach Art. 13 der
Landgemeindeordnung stimmberechtigten Einwohnern der betreffenden Gemeinden gewählt werden, vorausgesetzt, daſs sie nicht
infolge Verurteilung unfähig zur Bekleidung öffentlicher Ämter sind.

§ 9 Der Ausschuſs ist nur beschluſsfähig, wenn mehr als
die Hälfte der Ausschuſsmitglieder mit Einschluſs des Vorsitzenden
anwesend sind und wenn sämtliche Ausschuſsmitglieder spätestens
am Tage vorher mit Angabe der Beratungsgegenstände schriftlich
eingeladen waren. Die Beschlüsse werden mit Stimmenmehrheit
gefaſst. Im Falle der Stimmengleichheit entscheidet die Stimme
des Vorsitzenden. Ist die erste berufene Versammlung nicht beschluſsfähig, so ist eine zweite Versammlung einzuberufen, die alsdann ohne Rücksicht auf die Zahl der anwesenden Mitglieder beschluſsfähig ist. Über Gegenstände, welche nicht auf der Tages-
ordnung stehen, darf, dringende Fälle ausgenommen, nur dann
Beschluſs gefaſst werden, wenn wenigstens zwei Drittteile der Mit-

glieder anwesend sind und alle anwesenden Mitglieder sich für als-
baldige Erledigung des Gegenstandes aussprechen. Über die Aus-
schußbeschlüsse ist von einem durch den Ausschuß zu wählenden
Schriftführer ein Protokoll aufzunehmen, welches nach Verlesung
und Genehmigung von dem Vorsitzenden und dem Schriftführer
zu unterzeichnen ist.

§ 10. Die Ausschußmitglieder erhalten Diäten und Ersatz
der Transportkosten, wie sie für Ortsvorstandspersonen jeweils in
Geltung sind. Die ortsansässigen Ausschußmitglieder erhalten eine
vom Ausschuß festzusetzende Vergütung.

§ 11. Dem Ausschuß liegt die gesamte Verwaltung des
Unternehmens, insbesondere auch die Vermögensverwaltung ob.
Demgemäß steht ihm insbesondere die Beschlußfassung über fol-
gende Geschäfte zu:

Grunderwerbungen und Veräußerungen, Aufnahmen von Anlehen, Vergebung der Arbeiten und Lieferungen, Abschluß von
Verträgen mit Unternehmern, Anstellung des Maschinenwärters, der
Ortswassermeister und etwaiger sonstiger Bediensteten, die Feststellung der Dienst- und Gehaltsverhältnisse dieser Angestellten
unter Zugrundelegung der von der Bauleitung aufzustellenden
technischen Instruktionen, die Unterweisung und Überwachung,
sowie die Entlassung dieser Bediensteten, sofern dieselben nicht
unmittelbar der technischen Staatsbehörde unterstellt werden, die
Anordnung der von der technischen Staatsbehörde für notwendig
erachteten Reparaturen, Festsetzung des Wasserbezugspreises, Ge-
stattung des Wasserbezuges in anderen Gemeinden, Bildung von
Deputationen aus seiner Mitte zur Erledigung einzelner Geschäfts-
zweige.

V. Rechnungswesen des Vereins.

§ 12. Für die Besorgung der Einnahmen und Ausgaben des
Vereins wird von dem Ausschuß ein Rechner ernannt. Auf dessen
Anstellungs-, Kautions-, Gehalts- und Dienstverhältnisse finden die
für die Gemeindeeinnehmer bestehenden gesetzlichen Vorschriften
sinngemäße Anwendung. Für die Geschäftsführung des Rechners
gelten die Bestimmungen der Dienstanweisung für die Gemeindeeinnehmer vom 24. Februar 1898.

§ 13. Auf das Rechnungswesen finden die für das Gemeinderechnungswesen geltenden Vorschriften sinngemäße Anwendung
insoweit in diesen Satzungen nichts anderes bestimmt ist. Das
Rechnungsjahr läuft vom 1. April des einen bis zum 31. März des
folgenden Jahres. Der von dem Vorsitzenden zu entwerfende

Voranschlag ist nach Feststellung durch den Ausschufs vom Grofsherzoglichen Kreisamt zu genehmigen.

§ 14. Alle Anweisungen zur Vereinnahmung und Veraus-
gabung von Beträgen werden von dem Vorsitzenden des Verbandes
vollzogen. Während der Ausführung der Bauarbeiten notwendig
werdende Ausgaben können nur angewiesen werden, wenn die Er-
mächtigung zur Zahlung durch die Grofsherzogliche Kulturinspektion
erteilt ist. Dasselbe gilt für Ausgaben, welche nach Inbetriebsetzung
der Anlage erwachsen und den Betrag von M. 300 übersteigen,
vorausgesetzt, dafs nicht Gefahr im Verzuge liegt.

VI. Wasserabgabe.

§ 15. Die Wasserabgabe aus der Verbandsleitung und die
Instandhaltung und Benutzung der Privatleitungen wird durch eine
vom Ausschusse zu erlassende Wasserbezugsordnung sichergestellt.
Jeder einzelnen Gemeinde bleibt es unbenommen, mit Genehmigung
des Ausschusses und mit Zustimmung der Aufsichtsbehörde (§ 18)
zu dem vom Ausschusse festgesetzten Wasserpreise einen Zuschlag
zu erheben oder einen Teil des Preises aus der Gemeindekasse zu
zahlen. Die Abrechnung zwischen der Gemeinde und dem Vereine
geschieht in diesen Fällen durch letzteren.

§ 16. Die nach der in vorigen Paragraphen erwähnten
Wasserbezugsordnung zu entrichtenden Abgaben, sowie etwaige
andere Einnahmen des Vereins werden auf Kosten desselben von
den Gemeindeeinnehmern der beteiligten Gemeinden erhoben und
an die Vereinskasse abgeliefert. Die Festsetzung der den Gemeindeeinnehmern zu gewährenden Vergütung liegt dem Ausschusse ob.
Bei zufälligen Einnahmen kann der Vorsitzende den Rechner zur
direkten Erhebung anweisen.

VII. Neubaufonds.

§ 17. Zur Bildung eines Neubaufonds sind mindestens jedes
Jahr von den Kosten

a) der Gebäude und Maschinenbestandteile . . . . . $1/2\,^0/_0$
b) der beweglichen Maschinenbestandteile . . . . . $1\,1/2\,^0/_0$

des erstmaligen Herstellungsaufwandes neben den jährlichen Betriebskosten aufzubringen.

Die Bildung des Neubaufonds hat spätestens mit dem Etats-
jahr . . . zu beginnen. Die Beiträge zu diesem Neubaufonds
sind verzinslich anzulegen und nur für Neubauzwecke zu verwenden. Die jährlichen Zinsen dieses Fonds sind stets dem-

Kapital zuzuschlagen. Die Überweisung von Beträgen zu diesem
Fonds und der Zuschlag der Zinsen kann durch Beschlufs des
Ausschusses mit Genehmigung des Grofsherzogl, Kreisamtes einge-
stellt oder geändert werden.

VIII. Aufsichtsbehörden.

§ 18. Die staatliche Aufsichtsbehörde über die Verwaltung
dieses Vereins ist das Grofsherzogliche Kreisamt.

Mit Rücksicht auf den Charakter des Unternehmens gelten,
sowohl in den Beziehungen des Vereins zur Aufsichtsbehörde als
in den Kompetenzen der letzteren gegenüber dem Ausschufs und
dem Vorsitzenden und umgekehrt, für die Stellung des Ausschusses
die den Gemeinderat und für die Stellung des Vorsitzenden die den
Bürgermeister betreffenden Bestimmungen der Verwaltungsgesetze,
insoweit in gegenwärtiger Satzung nichts anderes bestimmt ist.
Hiernach bedürfen insbesondere die Beschlüsse des Ausschusses,
welche die Bestellung des Rechners, die Veräufserung von Grundeigentum und Immobiliarrechten, die Aufnahme von Anlehen und
Zurückziehung von Kapitalien betreffend, der Genehmigung der
Aufsichtsbehörde. Aus gleichem Grunde liegt die Genehmigung
des Voranschlages dem Grofsherzoglichen Kreisamt und die Prüfung
der Rechnung der Grofsherzoglichen Oberrechnungskammer ob.

§ 19. Die technisch staatliche Aufsichtsbehörde ist die Grofsherzogliche Kulturinspektion gegenüber welcher der Verein sich zu
Nachstehendem verpflichtet:

a) Die auf Grund der vorliegenden Pläne und Überschläge,
sowie der noch erforderlichen Detailpläne abzuschliefsenden Akkorde
und die Aufstellung der Vergebungsbedingungen geschehen durch
die Grofsherzogliche Kulturinspektion, welcher Behörde die Bauleitung und die Ausführung des gesamten Werkes übertragen wird.

b) In allen technischen Fragen ist sowohl während des Baues
als während des Betriebes das Gutachten der technischen Staatsbehörde vorher einzuholen. Eine Einholung des Gutachtens hat,
wenn die Verhandlungen von der Aufsichtsbehörde geführt werden,
durch diese, andernfalls durch den Ausschufs bzw. dessen Vorsitzenden zu erfolgen.

c) Die Wasserwerksanlage ist stets in einem solchen baulichen
Zustande zu erhalten, dafs die Wasserversorgung ungeschmälert
und dauernd gesichert ist.

d) Die Wasserversorgungsanlage ist jährlich einmal durch
den Vorstand der technischen Staatsbehörde oder dessen Stellvertreter eingehend untersuchen zu lassen.

e) Für jede Gemeinde ist ein Ortswassermeister zu bestellen und demselben eine von der technischen Staatsbehörde zu entwerfende Instruktion zu erteilen, wonach er die richtige Benutzung und Instandhaltung der in der Gemarkung befindlichen Anlage zu überwachen hat. Die Ortswassermeister sind kreisamtlich zu verpflichten.

IX. Liquidation und Schiedsgericht.

§ 20. Im Falle einer Liquidation werden die Liquidatoren vom Großherzoglichen Kreisamt ernannt. Über Beschwerden gegen die Bestellung und das Liquidationsverfahren entscheidet Großherzogliches Ministerium des Innern endgültig unter Ausschluß des Rechtswegs.

§ 21. Streitigkeiten zwischen den Mitgliedern des Vereins untereinander oder mit dem Vereine hinsichtlich aller aus der Zugehörigkeit zum Vereine erwachsenden Rechte und Pflichten werden unter Ausschluß des Rechtswegs von einem Schiedsgericht entschieden. Jeder der Streitteile hat einen Schiedsrichter zu ernennen, welche ihrerseits sich dann über den dritten Schiedsrichter zu einigen haben.

Falls sich beide Schiedsrichter über die Person des dritten Schiedsrichters nicht einigen, so wird derselbe von dem zuständigen Gerichte ernannt.

§ 22. Abänderungen gegenwärtiger Satzungen bedürfen der Genehmigung des Großherzoglichen Kreisamts und des Großherzoglichen Ministeriums des Innern.

X. Übergangsbestimmungen.

§ 23. Die vorstehenden Satzungen finden auf den Verband zur Wasserversorgung des . . . . Gebietes mit der Maßgabe sofortige Anwendung, daß dieser bis zur Verleihung der Rechtsfähigkeit Gesellschaft im Sinne der §§ 705 ff. des Bürgerlichen Gesetzbuches verbleibt.

———————

Das vorstehende Statut ist seinem Inhalt und seiner Form nach genau den Bestimmungen des Bürgerlichen Gesetzbuches über die Vereine angepaßt. Die Mitglieder des Vereins sind die an der Wasserversorgung beteiligten politischen Gemeinden, die für das aufzunehmende Kapital gemäß § 4 des Statuts solidarisch haften.

Die Bestimmungen über Gewinn und Verlust in § 2 Abs. 3 haben praktischen Wert bei den in Frage kommenden Wasserversorgungsverbänden nicht, da durch die Unternehmungen ein Gewinn nicht erzielt werden soll. Der Verband soll vielmehr als gemeinnütziges Unternehmen das Wasser an seine Abnehmer stets zum Selbstkostenpreise abgeben. Die Bestimmungen mußten jedoch im Statut notgedrungen Aufnahme finden, da das Bürgerliche Gesetzbuch dies ausdrücklich vorschreibt.

Der nach § 8 des Statuts zu bildende Ausschuß besteht bei kleineren Verbänden in der Regel aus den Bürgermeistern der beteiligten Gemeinden oder deren gesetzlichen Stellvertretern und zwei vom Gemeinderat gewählten Vertretern. Bei größeren Verbänden begnügte man sich, um keine zu große Körperschaft zu erhalten, mit je einem weiteren Vertreter außer dem Bürgermeister.

Es war verschiedentlich angeregt worden, den einzelnen Gemeinden je nach ihrer Größe eine verschiedene Vertreterzahl zuzubilligen, oder doch die einzelnen Gemeindevertreter mit verschiedener Stimmenzahl auszustatten. Man ist auf diese Vorschläge jedoch nicht eingegangen, um den größeren Gemeinden nicht von vornherein ein Übergewicht über die kleineren einzuräumen und um der Möglichkeit vorzubeugen, daß die schwächeren Gemeinden majorisiert werden.

Die Verwaltung und das Rechnungswesen des Verbandes ist dem Zweck und der Art des Unternehmens entsprechend im Sinne der Bestimmungen über die Gemeindeverwaltung und das Gemeinderechnungswesen geregelt.

Die gesamte Wasserwerksanlage einschließlich der Ortsleitung und der Anschlußleitungen nach den Wasser entnehmenden Grundstücken wird auf Kosten des Verbandes hergestellt, unterhalten und betrieben. Die Wasserabgabe erfolgt nicht an die Vereinsmitglieder (Gemeinden) sondern direkt an die Konsumenten. Das Wasser an die Gemeinden zu verkaufen und diesen es zu überlassen, es an die Abnehmer weiter zu geben, wäre für den Verband wohl einfacher gewesen, aber die rechtlichen Verhältnisse wären dadurch kompliziert geworden. Es hätte der einzelne Abnehmer

einmal einen Werkvertrag mit dem Verbande bezüglich seiner
Anschlußleitung, die nur dann auf Kosten des Verbandes
ausgeführt wird, wenn 5-jährige Wasserabnahme garantiert
wird, abschließen und ferner mit der Gemeinde einen Wasser-
lieferungsvertrag eingehen müssen. Die Gemeinde würde dem
Abnehmer das in ihrem Eigentum stehende Wasser durch
eine in fremdem Eigentum stehende Zuleitung zugeführt
haben. Es erscheint nicht ausgeschlossen, daß bei diesem
Verfahren unklare und verwickelte Rechtsverhältnisse ent-
standen wären.

Trotzdem bestand der Wunsch bei einzelnen Gemeinden,
die Wasserabgabe zwischen Verband und Abnehmern zu ver-
mitteln, um durch Erhebung eines höheren als an den Verband zu entrichtenden Wasserpreises etwas für die Gemeindekasse zu erübrigen. Dieses Verlangen erschien dadurch ge-
rechtfertigt, daß der Gemeinde durch die Lieferung des für
öffentliche Zwecke erforderlichen Wassers auch Ausgaben erwachsen. Diesen Wünschen wurde in der Weise Rechnung
getragen, daß nach § 15 es jeder Gemeinde unbenommen
bleibt, zu dem vom Ausschuß festgesetzten Selbstkostenpreis
des Wassers einen Zuschlag zugunsten der Gemeindekasse
zu erheben. Um Mißbräuchen und einer Ausbeutung der
Abnehmer vorzubeugen, ist diese Zuschlagserhebung aber
zuvor vom Ausschuß und von der Aufsichtsbehörde zu genehmigen. Der Vollständigkeit halber wurde auch hierbei
festgesetzt, daß die Gemeinde, wenn sie will, auch den
Wasserpreis für die Abnehmer im Orte ermäßigen und die
Differenz gegen den Selbstkostenpreis des Verbandes aus
Gemeindemitteln an den Verband entrichten kann. Von
dieser Bestimmung wird aber kaum häufig Gebrauch gemacht
werden.

5. Gesetzliche Regelung der Bildung von
Gemeindeverbänden. Die Bildung zahlreicher Gemeinde-
verbände zu Wasserversorgungs- und auch zu anderen Zwecken,
wie zur Beschaffung von Leuchtgas und elektrischer Energie etc.,
die im Großherzogtum Hessen in letzterer Zeit in Frage kam,
ließ die gesetzliche Regelung dieser Materie aus verschiedenen
Gründen, die teilweise schon weiter oben angedeutet wurden,

wünschenswert erscheinen. Demgemäfs sieht auch der Entwurf der neuen Landgemeindeordnung für das Grofsherzogtum besondere gesetzliche Bestimmungen über diesen Gegenstand vor. Nach diesen Bestimmungen sollen Gemeinden oder selbständige Gemarkungen zur Erreichung bestimmter kommunaler Zwecke zu Verbänden vereinigt werden können.

Aufser durch freiwillige Vereinbarung zwischen den Beteiligten wie bisher, soll, sofern das öffentliche Interesse dies wünschenswert erscheinen läfst, auf Antrag der übrigen Beteiligten auch gegen den Willen eines Beteiligten der Verband gebildet werden können, ähnlich wie dies die bestehenden Gesetze über die Bildung von Ent- und Bewässerungsgenossenschaften und das Feldbereinigungswesen bereits vorsehen. In entsprechender Weise, wie die Bildung eines Verbandes, soll auch die Veränderung eines solchen in seiner Zusammensetzung, sowie die Auflösung eines Verbandes erfolgen können. Sofern ein Verbandsstatut durch freie Vereinbarung der Beteiligten nicht zustande kommt, ist ein solches nach Anhörung der Verbandsmitglieder durch den Kreisausschufs aufzustellen.

6. Beschaffung der Mittel zum Bau der Gruppenwasserversorgungen. Die Beschaffung der zum Bau der umfangreichen Gruppenwasserversorgungen erforderlichen Kapitalien in Höhe von mehreren Millionen Mark erfolgte durch die Hessische Landes-Hypothekenbank zu Darmstadt nach folgenden Grundsätzen: Die Auszahlung des Darlehens erfolgt je nach Bedarf der Verbände in beliebigen Teilbeträgen, die 1 bis 2 Tage vor dem Zahlungstermin namhaft zu machen sind. Die abgehobenen Teilbeträge sind jeweils vom Auszahlungstage an mit $3,70\%$ zu verzinsen. Das Gesamtdarlehen ist 10 Jahre lang mit $3,70\%$ und für die fernere Darlehensdauer mit $3,625\%$ zu verzinsen. Der Zinsfufs kann nicht erhöht werden. Spätestens vom dritten Jahre an ist das Darlehen mit mindestens $1/2$ vom Hundert zu amortisieren, so dafs die Schuld in etwa 58 Jahren getilgt ist. Das Darlehen ist für die ganze Dauer des Darlehensverhältnisses unkündbar.

7. Bisherige Ergebnisse des Betriebes der Gruppenwasserversorgungen. Über die Betriebser-

gebnisse der einzelnen Gruppenwasserversorgungen ist es nicht angängig, sich jetzt schon ein abschliefsendes Urteil zu bilden, da die Anlagen noch nicht lange genug in Betrieb sind. Die Zahl der Anschlüsse übersteigt in allen Fällen die bei Aufstellung der Rentabilitätsberechnung eingesetzten Ziffern. Der Wasserverbrauch ist wie bei den meisten Gemeindewasserleitungen in stetigem Steigen begriffen. Es steht daher aufser Zweifel, dafs die Unternehmungen wie fast alle gröfsere Wasserversorgungsanlagen gute Betriebsergebnisse zeitigen werden, so dafs der Wasserpreis stets in mäfsigen Grenzen (höchstens 25 Pf. pro cbm) gehalten werden kann.

Sobald genügend statistisches Material vorliegt, soll über diese Fragen in besonderer Abhandlung eingehend berichtet werden.

II.

Die Wasserversorgung des Bodenheimer Gebietes.

(Mit Tafel II, III und IV und 13 Abbildungen.)

Die im Frühjahr 1905 vollendete Wasserversorgung des Bodenheimer Gebiets (vgl. Fig. 1) umfaſst die Gemeinden Bodenheim, Laubenheim, Nackenheim, Gau-Bischofsheim, Harxheim, Lörzweiler, Mommenheim und Ebersheim mit zusammen etwa 10000 Einwohnern.

Von diesen Orten liegen Bodenheim, Laubenheim und Nackenheim am Rande der Rheinniederung, die übrigen Orte auf dem Rheinhessischen Hochplateau. Die durchschnittliche Höhenlage der drei unteren Orte beträgt 90 bis 100 m über Normal-Null. Mommenheim, Lörzweiler, Harxheim und Gau-Bischofsheim haben 160 bis 170 m und der höchste Ort Ebersheim etwa 210 m Meereshöhe.

Der in den Orten des zu versorgenden Gebiets herrschende Wassermangel erklärt sich aus den geologischen Verhältnissen. Die fünf Berggemeinden liegen meist auf wasserundurchlässigem Rupelton, der an einigen Stellen von Cyrenenmergel, indem hier und da Schleichsandschichten auftreten, überlagert wird. Stellenweise findet sich auch Diluviallehm vor. Oberhalb Gau-Bischofsheim liegt ein Kalkplateau, dessen Ränder nach dem Tale zu abgebrochen und mit Cyrenenmergel vermischt sind. Wasser ist nur in diesen Kalken und in den wenigen Schleichsandschichten zu finden. Die Kalklagen sind jedoch zu wenig ausgedehnt, um nennenswerte Wassermengen zu führen. Dasselbe trifft bei den Schleichsandschichten zu, deren Lagerung an den meisten Stellen durch entgegengesetztes Einfallen der Schichten gestört ist. An ständig laufenden Quellen von irgendwie in Betracht kommender Mächtigkeit fehlt es daher in dem Ge-

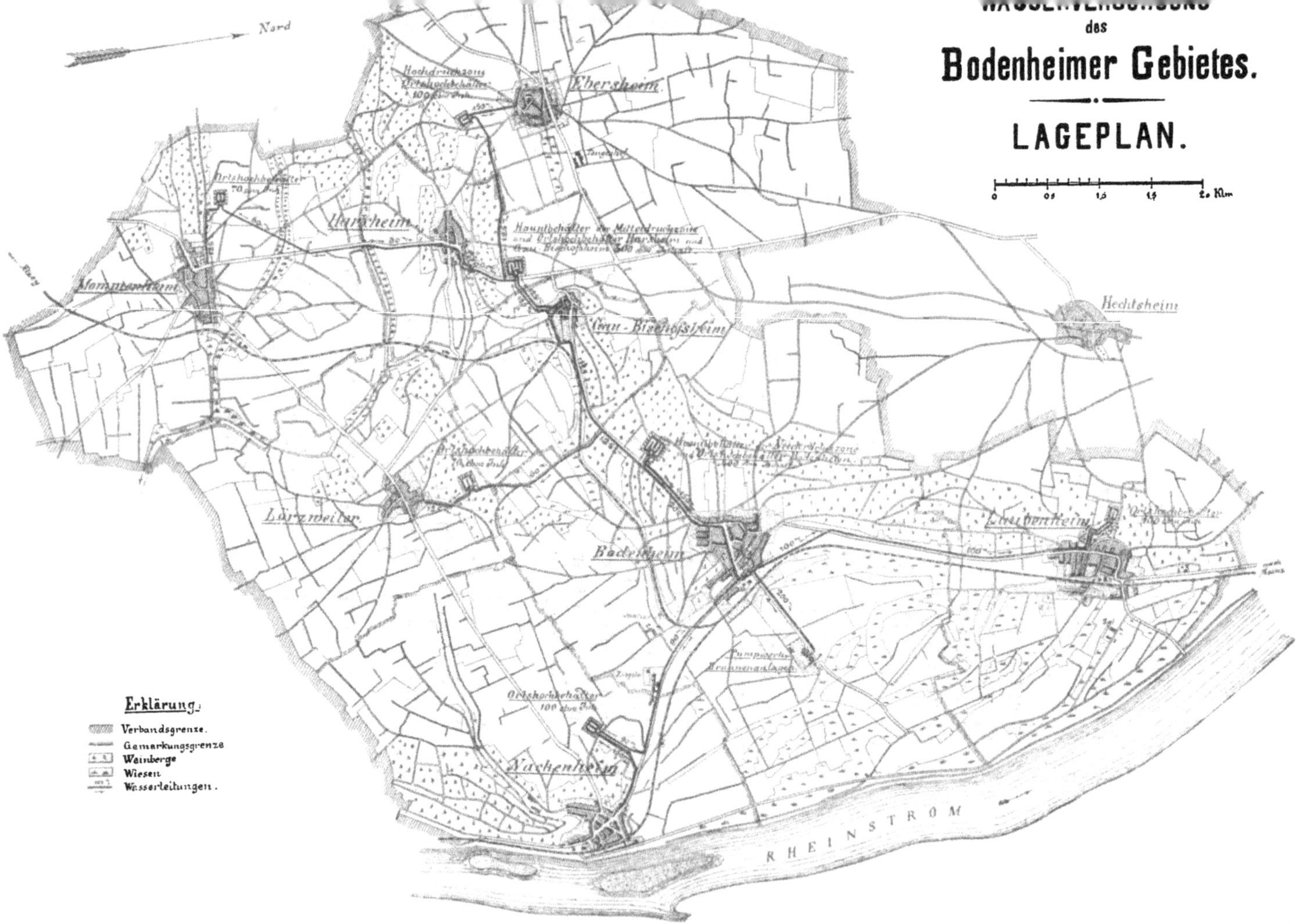

Fig. 1.

WASSERVERSORGUNG

des

Bodenheimer Gebietes.

LAGEPLAN.

RHEINSTROM

Nord

Heidesheim

biete ganz, und die Brunnen, die aus den Schleichsandschichten gespeist werden, sind nur von sehr beschränkter
Ergiebigkeit.

In Ebersheim und Harxheim, wo der Ton verhältnis-
mäfsig hoch liegt, ist Wasser in einigen Ortsteilen in gröfserer
Menge vorhanden, doch bedingt gerade diese hohe Lage des
Tons und der Umstand, dafs aus den oberen Schichten
Wasser zufliefst, flache Brunnen mit sanitär wenig einwand-
freiem Wasser.

Soweit die drei unteren Orte in der Rheinniederung liegen,
weisen sie bessere Wasserverhältnisse auf als die fünf Berggemeinden. Namentlich gilt dies für Nackenheim. Der obere,
sich nach dem Abhang hinziehende Teil dieser drei Orte
leidet jedoch unter denselben mifslichen Verhältnissen wie
die fünf Berggemeinden, besonders macht sich hier eine aufserordentliche Härte des Wassers bemerkbar. Die chemischen
Untersuchungen haben bis zu 40 Härtegraden ergeben. Von
allen beteiligten Orten ist unzweifelhaft Lörzweiler derjenige,
der am meisten vom Wassermangel betroffen war. In dieser
Gemeinde mufste fast den gröfsten Teil des Jahres das
nötige Wasser mit Hilfe von Fuhrwerken aus Harxheim oder
Nackenheim herbeigeschafft werden. In Gau - Bischofsheim
versagten die öffentlichen Brunnen oft ganz, so dafs diejenigen
Einwohner, die keine Privatbrunnen hatten, auf das Entgegen-
kommen einiger Brunnenbesitzer angewiesen waren. Es ist
leicht denkbar, in wie hohem Mafse bei derartigem Wassermangel der Betrieb der Landwirtschaft erschwert wurde und
wie Reinlichkeit und Gesundheitspflege unter solchen Verhältnissen Not litten.

Die einzelnen Gemeinden waren zwar in den letzten Jahrzehnten unter Aufwendung nicht unerheblicher Geldmittel
bemüht, den herrschenden Mifsständen nach Möglichkeit ab-
zuhelfen, aber leider stets ohne nennenswerten Erfolg.

Zu Beginn des Jahres 1903 beschlofs der Gemeinderat
Bodenheim, in Erkenntnis der mifslichen Verhältnisse, nicht
weiter wie in der bisherigen Weise vorzugehen, sondern eine
zentrale Wasserleitung für die Gemeinde zu errichten.

Als Wasserentnahmestelle kam in erster Linie der Grundwasserstrom, der zwischen Bodenheim und dem Rhein in der
Rheinebene fließt, in Frage. Aus Voruntersuchungen, die in
früheren Jahren die Stadt Mainz gemacht hatte, war bekannt,
daß in den zwischen Bodenheim und dem Rhein lagernden
Kiesschichten reichliches und brauchbares Wasser vorhanden
ist. Die Kiese sind ca. 6 bis 7 m mächtig und von Letten
unterlagert. Die Überdeckung bildet eine ca. 2 m dicke Lehm-
schicht. Die Beobachtungen der Stadt Mainz haben seiner-
zeit ergeben, daß der Stand des Rheins in der fraglichen
Gegend nur bis etwa 1 km landeinwärts einen nennenswerten
Einfluß auf den Grundwasserstand ausübt. Über dieses Maß
hinaus wird der Grundwasserstrom durch die wechselnden
Rheinwasserstände nicht beeinflußt. Die Stelle, die für eine
Brunnenanlage am günstigsten befunden wurde, lag 1800 m
vom Rhein entfernt. Eine schädliche Beeinflussung des
Grundwassers in dieser Lage erschien demnach ausgeschlossen.

Wenn auch mit Rücksicht auf die Voruntersuchungen
der Stadt Mainz weitere Bohrversuche im Gebiet des Grundwasserstroms, der annähernd dem Rhein parallel fließt, nicht
erforderlich waren, da sowohl über die Mächtigkeit der wasser-
führenden Schichten, als über die Richtung und das Gefälle
des Grundwasserstroms Klarheit herrschte, so war es doch
nötig, um über die Durchlässigkeit des Untergrunds Auf-
schluß zu erhalten, einen Versuchsbrunnen abzuteufen und
einen Probepumpversuch an demselben vorzunehmen. Es
wurde deshalb neben dem Hauptwege, der vom Orte Bodenheim nach dem Rhein führt, ein Filterbrunnen bis zur
wasserundurchlässigen Schicht herabgebracht. Die Bohrweite
dieses Brunnens betrug 1000 mm und die Weite des eingesetzten und mit Kies ummantelten Filterrohres 500 mm.

An diesem Brunnen wurde ein dreiwöchentlicher Dauer-
pumpversuch vom 31. Oktober bis 20. November 1903 mittels
Pulsometer und Lokomobile vorgenommen. Es wurden im
Durchschnitt 5,25 Sek.-l gefördert. Die mittlere Absenkung
betrug hierbei 2,10 m. Um die Brauchbarkeit des Wassers
zu Trinkzwecken nachzuweisen, wurden, sowohl vor Beginn
als während des Pumpversuchs, chemische und bakteriologische

Untersuchungen des Grundwassers vorgenommen. Das Ergebnis der ersten Untersuchung, die an einer am 6. November
1903 entnommenen Probe durch das Chemische Untersuchungs-
amt für die Provinz Rheinhessen zu Mainz vorgenommen
wurde, war folgendes: 1000 ccm enthielten:

Trockenrückstand . . . . 0,557 g

Chlor . . . . 0,032 »

Ammoniak . . . . fehlt

Salpetrige Säure . . . . fehlt

Salpetersäure . . . . 0,013 »

Eisenoxyd (Fe_2O_3) . . . . . . 0,0044 »

Oxydierbarkeit gr. verbr. Sauerstoff 0,0005 »

Gesamthärte (deutsche H⁰) . . . 23,52⁰

Temporäre Härte 30,00⁰

Die Untersuchung der zweiten, am 14. November 1903
erhobenen Wasserprobe, die durch Grofsh. Chemische Prü-
fungs- und Auskunftstation für die Gewerbe zu Darmstadt
erfolgte, hatte folgendes Ergebnis: Je 1000 ccm enthielten:

Gesamtrückstand, bei 100⁰ C getrocknet 0,5264 g

Eisenoxyd (entspr. 0,0024 g Eisen) . . 0,0034 »

Salpetrige Säure . . . . fehlt

Salpetersäure . . . . 0,0077 »

Ammoniak . . . . fehlt

Chlor . . . . 0,0284 »

Die in 1000 ccm Wasser vorhandenen organischen Sub-
stanzen verbrauchten zur Oxydation übermangansaures Kalium
0,0044 g. Die Reaktion des Wassers war schwach sauer. In
dem Wasser bildete sich nach längerem Stehen ein gelber
eisenoxydhaltiger Absatz.

Die Wasserproben zur bakteriologischen Untersuchung
wurden nach längerem Abpumpen am Probebrunnen entnommen und an Ort und Stelle sieben Plattenkulturen mit
je 0,5 ccm Wasser angelegt. Es entwickelten sich im Mittel
aus allen Versuchen, umgerechnet auf 1 ccm Wasser:

4

Nach 5 Tagen 27 Kolonien (Mittel aus 7 Versuchen)
» 6 » 52 » (» » 7 »)
» 7 » 66 » (» » 7 »)
» 10 » 167 » (» » 7 »)
» 11 » 258 » (» » 6 »)
» 14 » 258 » (» » 5 »)
» 17 » 369 » (» » 5 »)

Am 17. Tage wurde die Zählung eingestellt. Die Keimzahl des Wassers war verhältnismäfsig niedrig. Peptonisierende Bakterien entwickelten sich erst spät und in geringer Zahl. Die gefundenen Bakterienarten waren durchgehends unschädliche Wasserbakterien. Das Wasser enthielt wenig Chlorite, salpetersaure Salze und organische Stoffe, keine salpetrigsauren Salze und Ammoniumverbindungen. Das für die Versorgungsanlage ins Auge gefafste Wasser erwies sich daher als zwar etwas eisenhaltig, aber doch als ein gutes und brauchbares Trinkwasser.

Nachdem einwandfrei festgestellt war, dafs sowohl hinreichend, wie auch gutes Wasser zur Erbauung einer Wasserleitung für die Gemeinde Bodenheim vorhanden war, wurde von neuem in Verhandlungen mit dem Ortsvorstande dieser Gemeinde getreten, die alle bisherigen Kosten der Voruntersuchungen aus eigenen Mitteln getragen hatte. Mit Rücksicht auf die unzweifelhaft bedeutende Ergiebigkeit des zur Verfügung stehenden Grundwasserstroms beschlofs der Gemeinderat Bodenheim, wenn möglich, aufser der eigenen Gemeinde, auch diejenigen Nachbargemeinden, in denen ein Bedürfnis vorliege, mit Wasser zu versorgen. Man ging dabei von der Ansicht aus, dafs sich für eine gröfsere Wasserversorgungsanlage unzweifelhaft der Betrieb billiger gestalten werde wie für Bodenheim allein.

Von den Grofsh. Kreisämtern Oppenheim und Mainz wurden hierauf mit den in Frage kommenden Gemeinden Verhandlungen angeknüpft, deren Ergebnis war, dafs sich die Gemeinden Laubenheim, Nackenheim, Gau-Bischofsheim, Harxheim, Lörzweiler und Mommenheim bereit erklärten, mit Bodenheim gemeinsam einen Verband zum Bau und Betrieb einer Wasserversorgungsanlage zu bilden. Zu den oben genannten Gemeinden kam später noch die Gemeinde Ebersheim hinzu.

Nachdem das von der Grofsh. Kulturinspektion Mainz ausgearbeitete Projekt vom Grofsh. Ministerium des Innern genehmigt war, konnte im Frühjahr 1904 mit der Ausführung begonnen werden. In erster Linie wurde mit dem Ausbau der Wasserfassungsanlage (Fig. 2) begonnen. Zur Versorgung der gesamten Anlage war, aufser dem einen als Probebrunnen hergestellten Filterbrunnen, noch die Ausführung von vier weiteren Filterbrunnen, die in Abständen von 50 m angelegt wurden, erforderlich. Die Brunnen wurden in gleicher Art wie der Versuchsbrunnen ausgeführt. Aus den Filterbrunnen wird das Wasser mittels Heberleitung in einen Sammelschacht von 2 m Lichtweite geleitet.

Wie aus dem oben mitgeteilten Ergebnis der chemischen Untersuchungen ersichtlich, enthielt das Grundwasser bei der ersten Untersuchung 0,0044 g Eisen pro 1000 ccm Wasser. Dieser Eisengehalt war, wie die zweite Untersuchung ergab, im Verlaufe des Pumpversuchs auf 0,0034 g zurückgegangen. Da mit Sicherheit auf weitere Verminderung des Eisengehalts nicht gerechnet werden konnte, wurde bei Projektierung des Pumpwerks eine Enteisenungsanlage (Tafel II) vorgesehen. Diese Anlage besteht aus zwei Koksrieslern, auf die das Wasser von zwei besonderen Pumpen gefördert wird. Unterhalb der Koksriesler liegt in einem Bassin aus Zementbeton je eine Filtertrommel nach Patent Kröhnke, die mit Filterkies gefüllt ist. Jede dieser Filtertrommeln vermag pro Sekunde 16 l Wasser zu filtrieren. Der Vorteil, den diese Enteisenungsanlage bietet, ist, dafs die Filter gereinigt werden können, ohne dafs der Kies daraus entfernt oder von Menschenhänden auch nur berührt zu werden braucht. Die Reinigung erfolgt einfach nur in der Weise, dafs das Wasser, das beim normalen Filtergang von aufsen durch den Filterkies nach der Achse des Filters strömt und durch die hohle Achse gereinigt abfliefst unter gleichzeitiger Drehung der Filtertrommel, in umgekehrter Richtung durch das Filter geleitet wird.

4*

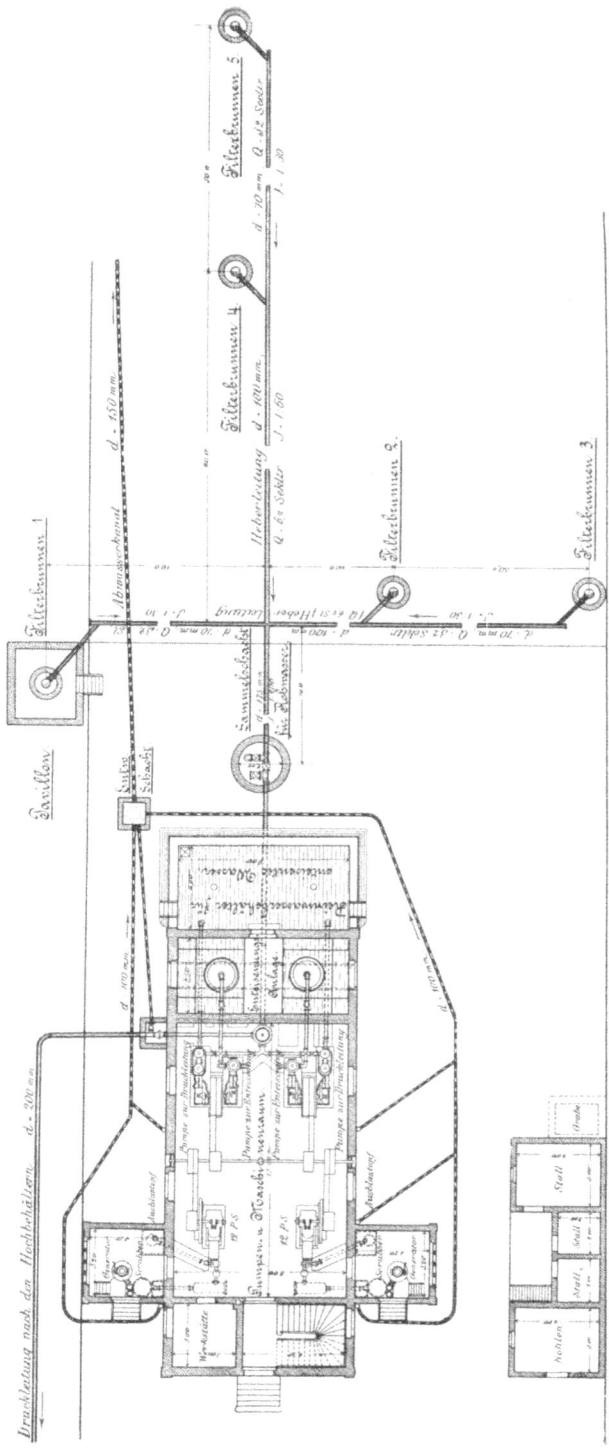

Fig. 2. **Wasserversorgung des Bodenheimer Gebietes. Pumpwerk und Brunnenanlage.**

Fig. 3. Maschinenanlage (Blick auf die Pumpen)

Wie das Ergebnis der nachstehenden chemischen Untersuchung zeigt, nimmt der Eisenoxydgehalt (Fe_2O_3) nach Pas-
sieren des Wassers durch die Enteisenungsanlage von 3,4 mg
auf 0,4 mg pro 1000 g Wasser ab. 1000 ccm enthielten:

	Nichtenteisentes Wasser:	Enteisentes Wasser:
Trockenrückstand	0,558 g	0,578 g
Chlor	0,035 »	0,035 »
Ammoniak	fehlt	fehlt
Salpetrige Säure	fehlt	fehlt
Salpetersäure	Spur	Spur
Schwefelsäure	0,075 »	0,076 »
Magnesia	0,070 »	0,069 »
Kalk	0,128 »	0,129 »
Eisenoxyd (Fe_2O_3)	0,0028 »	0,0004 »
Oxydierbarkeit gr. verb. Sauer-stoff	0,0019 »	0,0019 »
Gesamthärte (deutsche H^0) .	$22,6^0$	$22,6^0$
Kieselsäure	0,008 g	0,008 g
Im Wasser gelöster Sauerstoff	2,03 ccm	7,01 ccm
Bakteriologische Untersuchung in 1 ccm Wasser nach 48 Stunden	28 Kolonien	150 Kolonien
do. nach 72 Stunden	verflüssigt.	

Das von der Deutzer Gasmotorenfabrik gelieferte Pumpwerk besteht aufser den vorerwähnten Rohwasserpumpen, die
das Wasser aus dem Sammelschacht auf die Enteisenungsanlage fördern, aus zwei Saug- und Druckpumpen, die das
enteiste Wasser in die Hochbehälter der verschiedenen
Ortschaften pumpen. (Fig. 2, 3, 4 u. 5.) Die Pumpen sind
jeweils paarweise miteinander gekuppelt. Der Antrieb der
Pumpen erfolgt durch zwei je 12pferdige Sauggasmotoren.
Durch Anordnung einer Transmissionsanlage ist Vorsorge ge-
troffen, dafs mittels der Motoren sowohl einzeln wie paarweise auf jede der Pumpen gearbeitet werden kann. (Fig. 2
und 3.)

Das Pumpwerk vermag 16 l pro Sekunde zu fördern. Die
durchschnittliche tägliche Pumpzeit wird 7 bis 8 Stunden und

Fig. 4. **Maschinenanlage** (Pumpen).

Fig. 5. **Maschinenanlage** (Motor mit Generatoranlage).

Fig. 6. **Pumpwerksgebäude** (Ansicht von der Rheinseite).

die höchste tägliche Pumpzeit, bei einer Förderung von zirka 700 cbm pro Tag, 21 Stunden betragen. Das Pumpwerksgebäude enthält, aufser dem 13 m langen und 8 m breiten Maschinenraum, dem Enteisenungsraum und den beiden Sauggasräumen, im oberen Stock noch ein Zimmer für den Verband und eine aus drei Zimmern und Küche bestehende Wohnung für den Maschinenmeister. (Tafel III und Fig. 6.)

Das gesamte Versorgungsgebiet (Fig. 1 und Tafel IV) ist in drei Druckzonen geteilt. Zur ersteren unteren Druckzone gehören die drei Orte Bodenheim, Laubenheim und Nackenheim. Zur zweiten mittleren Druckzone Gau-Bischofsheim, Harxheim, Lörzweiler und Mommenheim, und in der dritten obersten liegt Ebersheim. Der Betriebsdruck in der Hauptdruckleitung beträgt in der

unteren Druckzone bis zu 15,6 Atm.

mittleren   »   »   » 12,2   »

oberen   »   »   »   6,0   »

Jede der beiden unteren Druckzonen erhält einen besonderen Hochbehälter (Fig. 7), aus dem sich die Wasserbehälter für die einzelnen Orte durch Zweigleitungen speisen. Sämtliche Wasserbehälter, mit Ausnahme des höchstgelegenen bei Ebersheim, haben Schwimmereinlafsventile, die sich, sobald der betreffende Behälter voll ist, selbsttätig schliefsen. Der Hochbehälter für die oberste Druckzone dient zugleich als Ortswasserbehälter für die Gemeinde Ebersheim. Aufserdem sind die Ortswasserbehälter für die Gemeinden Harxheim und Gau-Bischofsheim mit dem Haupthochbehälter für die mittlere Druckzone und der Ortswasserbehälter für die Gemeinde Bodenheim mit dem Haupthochbehälter für die untere Druckzone in einem Bauwerk vereinigt. Alle übrigen Ortschaften haben besondere Ortswasserbehälter.

Die selbsttätig wirkenden Schwimmereinlafsventile (Fig. 8) sind als Doppelventile ausgebildet. In einen an zwei senkrechten Führungsstangen durch Rohrschellen auf den gewünschten Höchstwasserstand genau einstellbaren Kasten K taucht der das Haupteinlafsventil VI öffnende und schliefsende Schwimmer SI. Am Boden des Kastens K befindet sich das

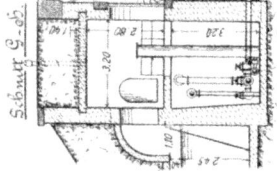

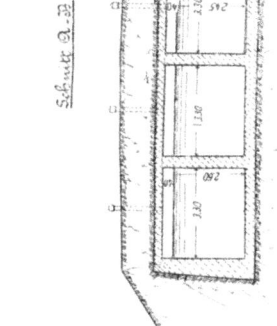

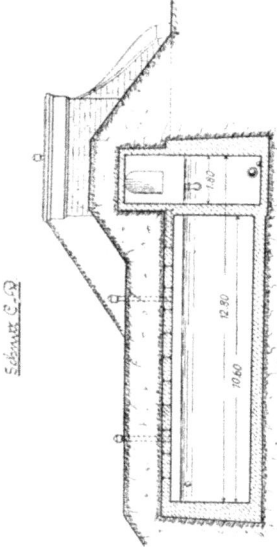

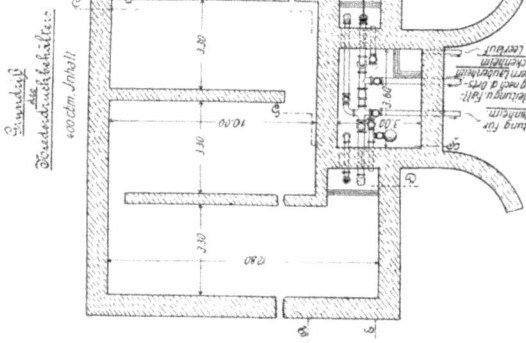

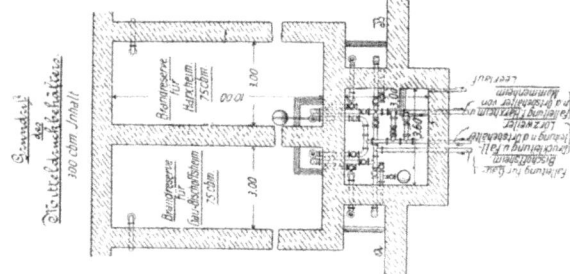

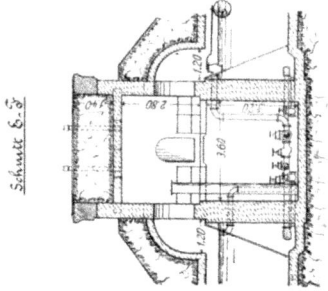

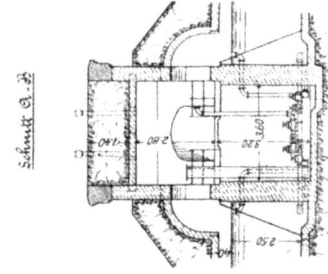

Fig. 7. Wasserversorgung des Bodenheimer Gebietes. Haupthochbehälter.

Auslaſsventil *V II*, das durch den Schwimmer *S II* bedient
wird, dessen Höhenstellung vom Wasserstand im Hochbehälter
abhängig ist. Das Haupteinlaſsventil *V I* bleibt so lange voll
geöffnet, bis sich der Hochbehälter bis zur Oberkante des

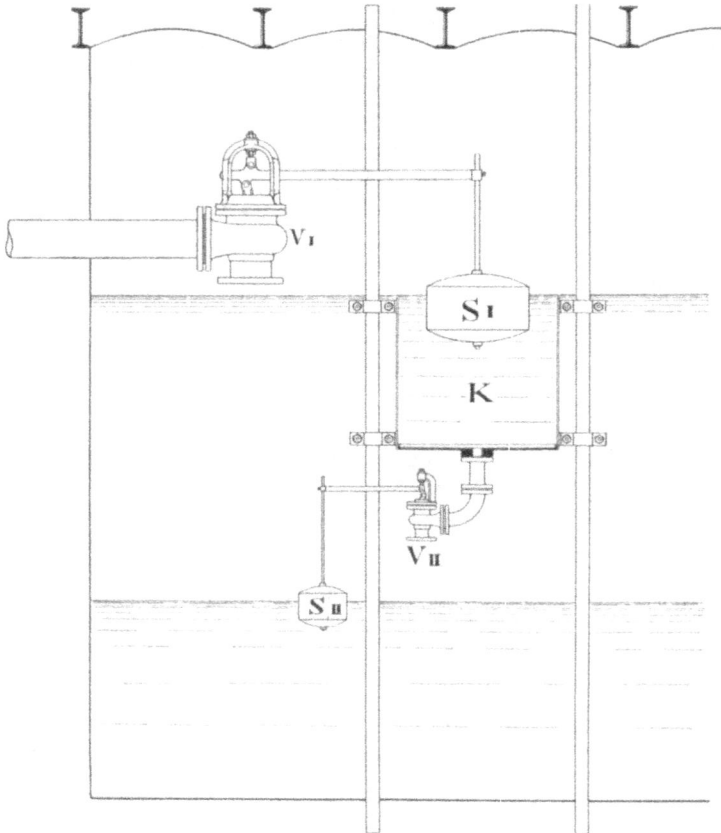

Fig. 8. **Haupteinlaſsventil mit Doppelschwimmer für Hochbehälter.**

Kastens *K* gefüllt hat, dann stürzt das Wasser über den
oberen Rand in den Kasten, hebt den Schwimmer *S I* und
schlieſst das Haupteinlaſsventil. Die Pumpen können nun
so lange mit voller Leistung in den nächst höhern Hoch-

behälter fördern, bis durch den regelmäſsigen Verbrauch der Wasserspiegel im Behälter wieder so weit gefallen ist, daſs Schwimmer *S II* sich senkt, Ventil *V II* öffnet und den Kasten *K* entleert. Alsbald wird sich auch das Haupteinlaſs- ventil wieder voll öffnen. Durch diese Anordnung wird ver- mieden, daſs bei der Förderung in die oberen Haupthoch- behälter, durch teilweises Öffnen der Haupteinlaſsventile der tiefer gelegenen Hauptbehälter, der Gang des Pumpwerks un- günstig beeinfluſst wird.

Die Druckleitung vom Pumpwerk bis zum Hauptbehälter der Niederdruckzone hat 200 mm, von da bis zum Haupt- behälter der Mitteldruckzone 125 mm und vom letzten Be- hälter bis zum Ebersheimer Behälter (Hochdruckzone) eben- falls 125 mm Lichtweite. Zu sämtlichen Orten führen von den Ortswasserbehältern besondere Falleitungen.

Der Druckleitungsstrang vom Pumpwerk bis zum Nieder- druckbehälter wurde, mit Rücksicht auf den hohen abnormalen Betriebsdruck, aus verstärkten Guſsrohren von $12^1/_2$ mm Wand- stärke hergestellt. Die verschiedenen Linien der Staatsbahn sind an sieben Stellen unterführt. An diesen Punkten ist die Leitung durch guſseiserne Überrohre geschützt.

Die Längen der Ortsrohrleitungen, die Anzahl der Schieber, Hydranten und Hausanschlüsse ist aus folgender Zusammen- stellung zu ersehen:

	Ortsrohr- netzlänge	Schieber	Hydranten	Haus- anschlüsse	Wohn- gebäude
Bodenheim . . .	10 916 m	65	64	429	538
Nackenheim . .	4 136 »	21	33	131	314
Laubenheim . .	6 806 »	26	52	206	312
Gau-Bischofsheim	2 765 »	15	18	72	107
Harxheim . . .	2 427 »	10	16	75	103
Lörzweiler . . .	3 422 »	13	17	145	164
Mommenheim . .	4 650 »	18	27	150	260
Ebersheim . . .	6 684 »	21	26	154	262
Summa	41 806 m	189	253	1362	2060

Auſser den obigen 41 806 m Ortsleitungen wurden noch rund 18 200 m Hauptdruck- und Falleitungen auſserhalb der

Fig. 9. **Haupthochbehälter Gaubischofsheim-Harxheim** (Mitteldruckzone).

Fig. 10. **Haupthochbehälter Bodenheim** (Niederdruckzone).

Ortschaften verlegt, so daſs sich die Gesamtlänge der Rohr-
leitung auf rund 60 000 m beläuft.

Bei Dimensionierung der Ortsrohrleitungen wurde vor-
gesehen, daſs in den drei unteren Orten gleichzeitig drei
Hydranten und in den fünf oberen Orten gleichzeitig zwei
Hydranten mit je 4 Sek.-l gespeist werden können.

Der mittlere Leitungsdruck schwankt in den verschiedenen Orten zwischen 3 und 5 Atmosphären. Fast sämtliche
Gebäude können direkt von den Hydranten aus unter Feuer-
schutz genommen werden.

An Hochbehältern kamen im ganzen sieben zur Ausführung. Die Inhalte dieser Behälter sind die folgenden:

		Inhalt
1.	Hauptbehälter der Niederdruckzone kombiniert mit dem Ortshochbehälter für Bodenheim (zweikammerig) . . . . . davon 100 cbm als Brandreserve für Bodenheim.	400 cbm
2.	Hauptbehälter der Mitteldruckzone kombiniert mit dem Ortshochbehälter für Gau-Bischofsheim u. Harxheim (vierkammerig) davon je 75 cbm als Brandreserve für Gau-Bischofsheim und Harxheim.	300 »
3.	Ortshochbehälter Laubenheim (einkammerig)	100 »
4.	Ortshochbehälter Nackenheim (einkammerig)	100 »
5.	Ortshochbehälter Lörzweiler (einkammerig)	70 »
6.	Ortshochbehälter Mommenheim (einkammerig)	70 »
7.	Ortshochbehälter Ebersheim (zweikammerig) . . . . davon Brandreserve 50 cbm.	100 »

Die Behälter Laubenheim, Nackenheim, Lörzweiler und
Mommenheim haben keine Brandreserve, da sie sich stets,
wenn auch nicht gepumpt wird, aus dem betreffenden höher
gelegenen Haupthochbehälter selbsttätig füllen. Durch Taucher-

Fig. 11. Hochbehälter Laubenheim.

5

Fig. 12. Hochbehälter Mommenheim.

Fig. 13. Hochbehälter Ebersheim.

rohre in den Verbindungswänden zwischen Brandreserve und Verbrauchskammer ist bei dem betreffenden Behälter dafür gesorgt, daß das Wasser auch in der Brandreservekammer sich stets erneuert und niemals stagniert.

Sämtliche Behälter sind aus Zementbeton mit flachen zwischen I-Trägern eingestampften Decken erbaut. Die Behälterfassaden (Fig. 9, 10, 11, 12 u. 13) sind aus weißem Flonheimer Sandstein hergestellt.

Sowohl der Hochdruckbehälter bei Ebersheim als der Mitteldruck- und der Niederdruckbehälter sind durch eine elektrische Wasserstands-Fernmeldeanlage mit dem Bureau des Verbandsvorsitzenden zu Bodenheim sowie mit dem Pumpwerk verbunden. Außerdem befinden sich im Pumpwerk, dem Bureau des Verbandsvorsitzenden und dem Mitteldruckbehälter Fernsprechstellen, die nicht mit der Reichsfernsprechanlage in Verbindung stehen, um jederzeit, insbesondere bei Brandausbruch, den Maschinisten benachrichtigen zu können.

Die gesamte Bauausführung wurde in der verhältnismäßig kurzen Zeit von $8^1/_2$ Monaten vollendet. Am 25. März 1905 wurde erstmals das Pumpwerk in Betrieb gesetzt und in den Behälter der Niederdruckzone gepumpt. Im Laufe des Monats April erfolgte die erste Inbetriebsetzung der einzelnen Ortsleitungen.

Die Baukosten erreichen die Höhe des Voranschlags, der sich auf M. 582000 belief, nicht. Nachstehend ist die Höhe der Kosten der einzelnen Anlagen annähernd angegeben:

1.	Erd- und Eisenarbeiten	M.	330 000
2.	Brunnenanlage	»	4 060
3.	Hochbehälter	»	53 000
4.	Pumpwerksgebäude	»	31 000
5.	Maschinenanlage	»	26 600
6.	Enteisenungsanlage	»	12 500
7.	Wasserstands-Fernmeldeanlage . .	»	4 810
8.	Wassermesserlieferung	»	30 330
9.	Geländeerwerb u. Entschädigungen	»	9 500
10.	Bauaufsicht u. allgemeine Unkosten	»	25 000
	Summa .	M.	526 800

Die Leitung des Baues lag in der Hand der Grofsh. Kulturinspektion Mainz. Die Überwachung der Arbeiten war verschiedenen im Versorgungsgebiet stationierten Beamten dieser Behörde übertragen, denen die nötigen Hilfskräfte bei-gegeben waren.

Mit der Fertigstellung dieser Anlage ist das zweite Gruppenwasserwerk in der Provinz Rheinhessen zur Voll-endung gekommen.

| | Name der Gemeinde | Einwohnerzahl | Wasserverbrauch | | | | Gesamtzahl der Höfreiten¹ | Anzahl d. Anschlußleitungen samt Leitungen für einzelne Gärten | Einwohnerzahl pro Anschlußleitung | Wasserpreis pro cbm | Wassermiete pro Jahr | Vom Abnehmer pro Jahr zu zahlende Minimaltaxe | Anlag im ganzer |
| | | | zu Privatzwecken | zu öffentlichen Zwecken | Im ganzen | pro Kopf und Tag | | | | | | | |
			cbm	cbm	cbm	l				M.	M.	M.	M.
1	Albig	1080	11 270	139	11 400	28,92	271	259	4,17	0,25	—	10,00	91 433
2	Drais	569	5 040	60	5 100	24,54	98	98	5,81	0,25	2,00	8,00	30 545
3	Essenheim . .	1380	16 200	300	16 500	32,75	233	235	5,87	0,25	—	5,00	85 905
4	Finthen . . .	**3469**	19 050	650	19 700	**15,55**	598	636	5,45	0,25	—	9,00	147 938
5	Flonheim . .	1821	21 320	880	22 200	33,40	383	344	5,29	0,15	—	6,00	118 396
6	Hechtsheim .	2998	24 620	680	25 300	23,10	486	469	6,39	0,25	2,40	6,00	162 688
7	Kostheim . . (mit Gustavsburg)	7950	40 040	10 560	50 600	17,48	930	760	10,46	0,20	—	6,00	225 568
8	Nied-Ingelheim	**3450**	47 930	3 170	51 100	40,50	640	532	6,48	0,15	2,00	6,00	131 976
9	Nierstein . . .	**4350**	28 610	12 100	40 710	25,64	753	515	**13,81**	0,35	4,20	12,00	138 666
10	Ober-Ingelheim	3400	30 230	2 270	32 500	26,18	475	480	7,08	0,25	3,00	12,00	220 960
11	Ober Olm . .	1428	11 760	1 040	12 800	24,55	275	248	5,76	0,25	—	14,00	143 299
12	Selzen	914	11 590	60	11 650	34,92	196	190	4,81	0,30	2,00	12,00	92 840
13	Sörgenloch . .	552	7 016	104	7 120	35,00	116	116	4,80	0,20	2,00	—	24 688
14	Udenheim . .	832	8 430	120	8 550	28,15	182	162	5,13	0,20	—	4,00	43 372
15	Vilbel	4400	25 590	5 510	31 100	18,68	600	497	8,87	0,25	—	12,00	229 868
16	Wallertheim .	1175	9 880	1 720	11 600	27,04	256	182	6,46	0,30	3,00	12,00	76 154
17	Weisenau . .	**5760**	43 740	110 160	54 800	26,06	626	488	11,80	0,25	3,03	10,00	126 250
18	Wendelsheim .	1030	16 870	230	17 100	**45,48**	201	171	6,02	0,15	2,00	7,50	64 800
19	Wolfsheim . .	600	6 980	120	7 100	32,42	141	141	4,25	0,20	1,60	8,00	34 405
20	Zornheim . .	1001	7 720	80	7 800	21,34	207	168	5,95	0,30	2,00	12,00	89 470

Betriebsergebnisse

| ahmen | pro Kopf | Die Einnahmen betragen vom Anlagekapital | Ausgaben | | | | | Von der Gemeinde zu tragenderKosten-zuschuß im ganzen | Von der Gemeinde zu tragenderKosten-zuschuß pro Kopf | Rein-gewinn | | Bemerkungen |
| | | | zur verzinsung des Anlage-kapitals | zur Amorti-sation des Anlagekapitals | Reine Betriebs-ausgaben | im ganzen | pro Kopf | | | | | |
en	M.	%	M.	M.	M.	M.	M.	M.	M.	M.	%	
,00	3,08	3,61	3428,78	685,75	1134,17	5 248,70	4,86	1918,70	1,78	—	—	
,25	2,75	5,13	1160,75	305,46	1146,60	2 612,81	4,59	1045,56	1,84	—	—	
,75	2,35	3,78	3436,23	859,06	1750,00	6 045,29	4,38	2795,54	2,03	—	—	
,00	2,81	5,51	5621,24	1035,56	750,00	7 407,20	2,55	—	—	745,80	0,5	Gravitationsleitung
,59	2,01	3,09	4735,88	591,98	350,00	5 677,86	3,12	2013,27	1,11	—	—	Gravitationsleitung
,22	2,74	5,05	6093,30	2031,10	3237,26	11 361,66	3,79	3150,44	1,05	—	—	
,28	1,25	3,72	9022,72	2255,68	2945,00	14 223,40	2,11	5803,12	0,86	—	—	
,45	2,26	5,91	4619,20	659,88	800,00	6 079,08	1,76	—	—	1715,37	1,3	Es bestehen 13 öffentliche Ventilbrunnen
,30	2,51	7,88	4992,01	1386,67	1500,00	7 878,68	1,8	—	—	3060,62	2,21	
,75	2,90	4,46	8201,90	1741,30	1694,71	11 637,91	3,42	1790,16	0,53	—	—	
,77	3,34	3,32	5732,00	1433,00	1301,95	8 466,95	5,93	3701,18	2,59	—	—	1) Mit Amortisation wurde noch nicht begonnen
,09	2,37	2,33	3713,60	....1)	893,90	4 607,50	5,04	2438,41	2,66	—	—	
,32	4,94	11,00	814,00	1224,12	178,69	2 216,70	4 02	—	—	514,62	2,08	Gravitationsleitung
,20	2,14	4,11	1301,19	650,59	800,00	2 751,78	3,37	970,58	1,17	—	—	2) Da Baukosten aus Gemeindevermögen bestritten werden konnten, war Kapitalaufnahme nicht nötig. Das Kapital war zuvor zu 3½% ausgeliehen.
,41	1,71	3,28	8045,41	....2)	2591,00	10 636,41	2,42	3096,00	0,70	—	—	
,40	3,12	4,96	3046,16	761,54	1361,38	5 169,08	4,40	1391,68	1,18	—	—	
,20	2,14	9,80	4671,29	1641,26	2743,02	9 055,57	1,57	—	—	3318,63	2,63	
,83	3,10	4,93	2430,00	648,00	200,00	3 278,00	3,18	84,17	0,08	—	—	Gravitationsleitung
,40	2,88	5,02	1548,22	344,05	331,50	2 223,77	3,71	497,37	0,83	—	—	Gravitationsleitung
,36	2,93	3,28	3578,80	447,35	1010,53	5 036,68	5,03	2101,38	2,10	—	—	

wasserversorgungen.

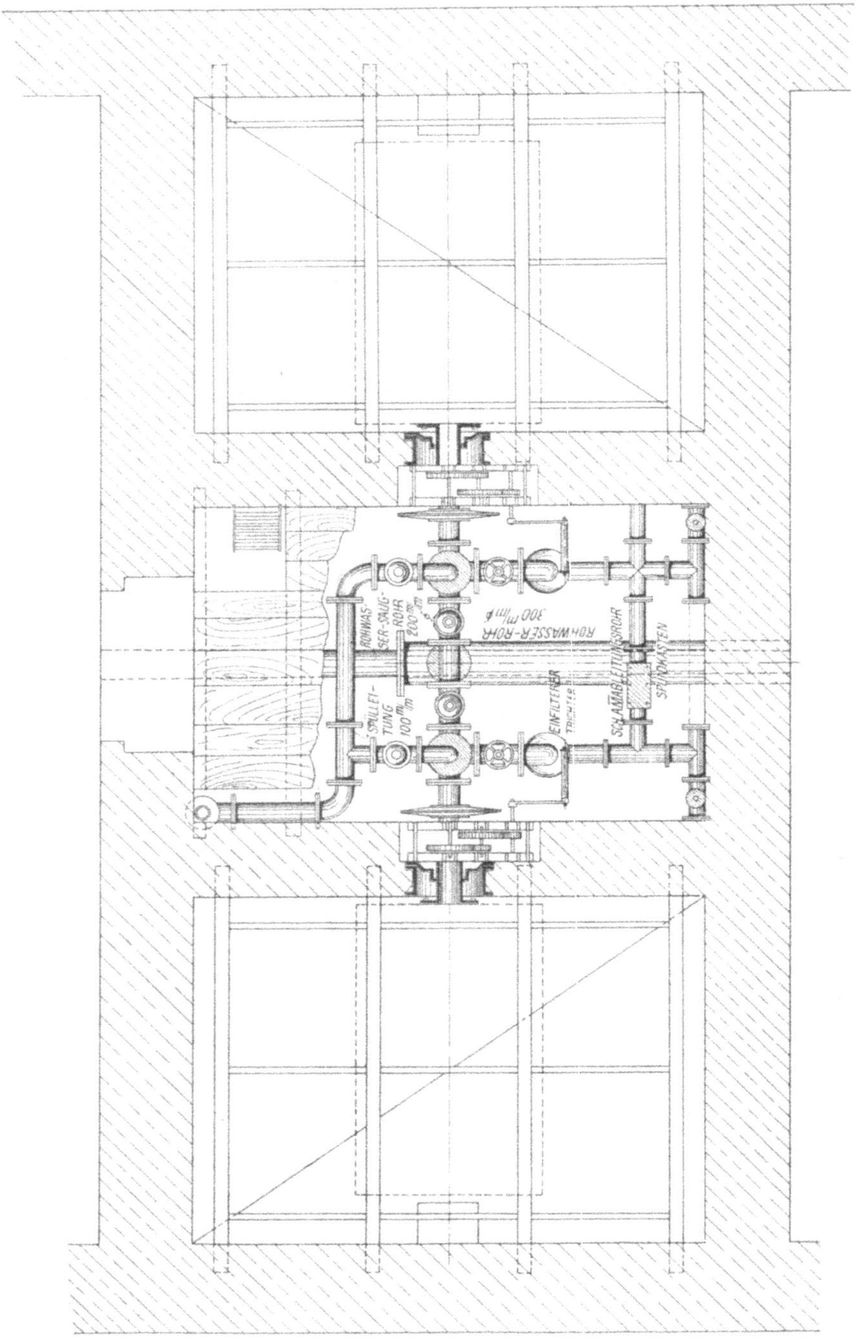
ROHWASSER-ROHR
300 m/m
ROHWAS-SER-SAUG-ROHR
200 m/m
SPÜLLEI-TUNG
100 m/m
SCHLAMMABLEITUNGSROHR
SPUNDKASTEN

ANSICHT DES RIESLERS
SCHNITT DES RIESLERS

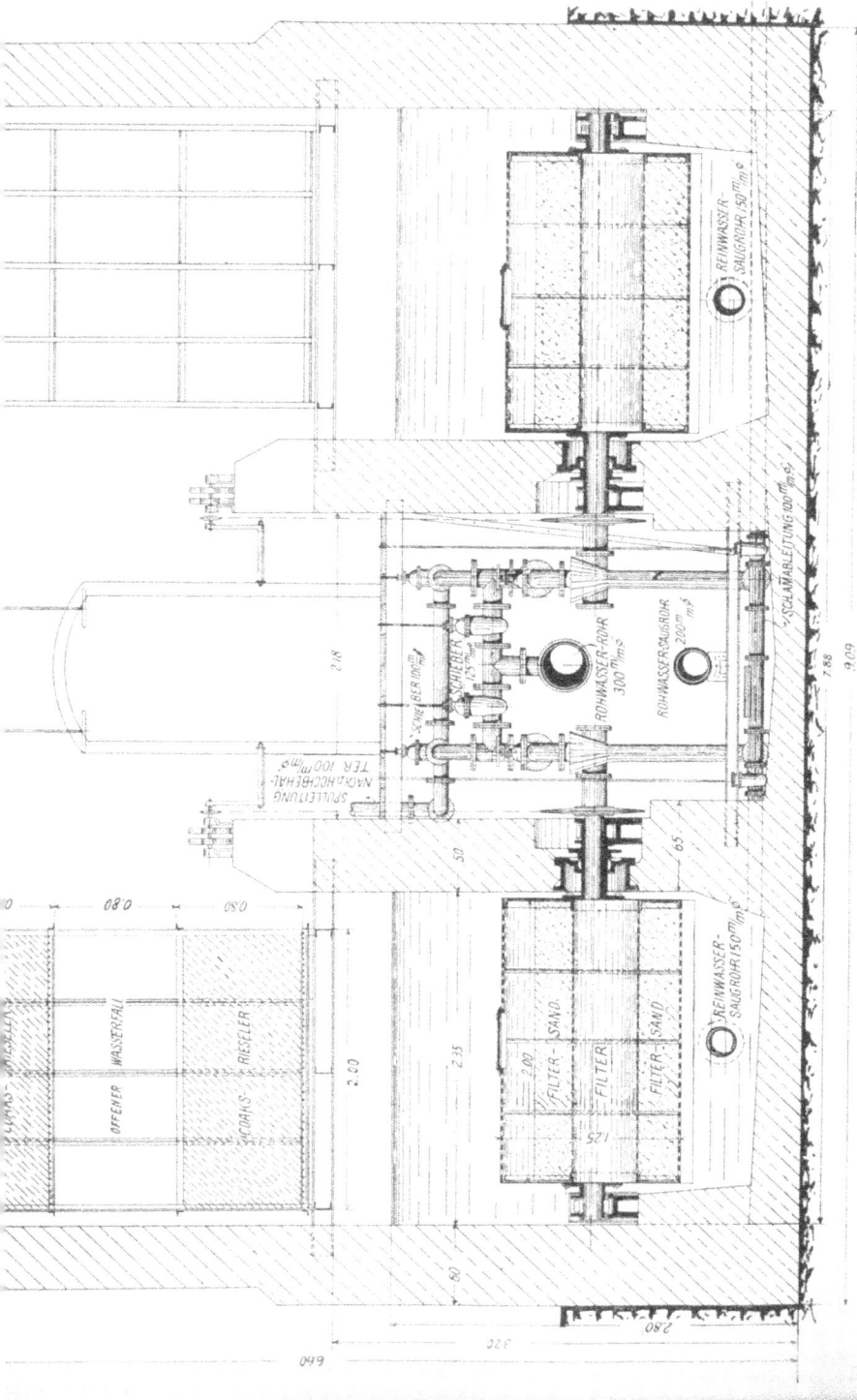

Enteisenungsanlage. Grundriß und Schnitt.

icht).

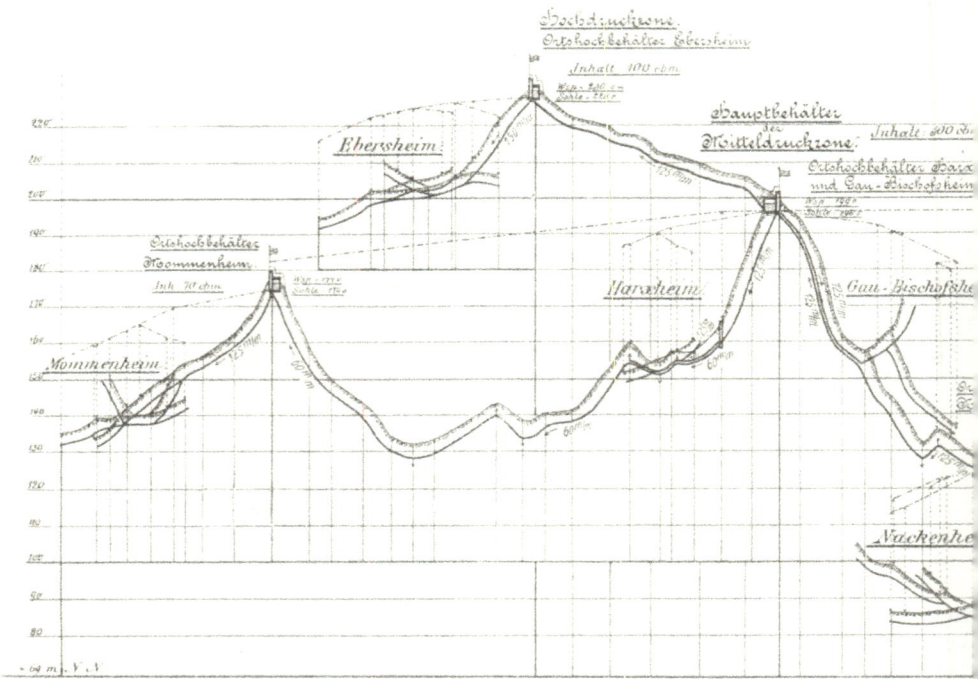

Wasserversorgung

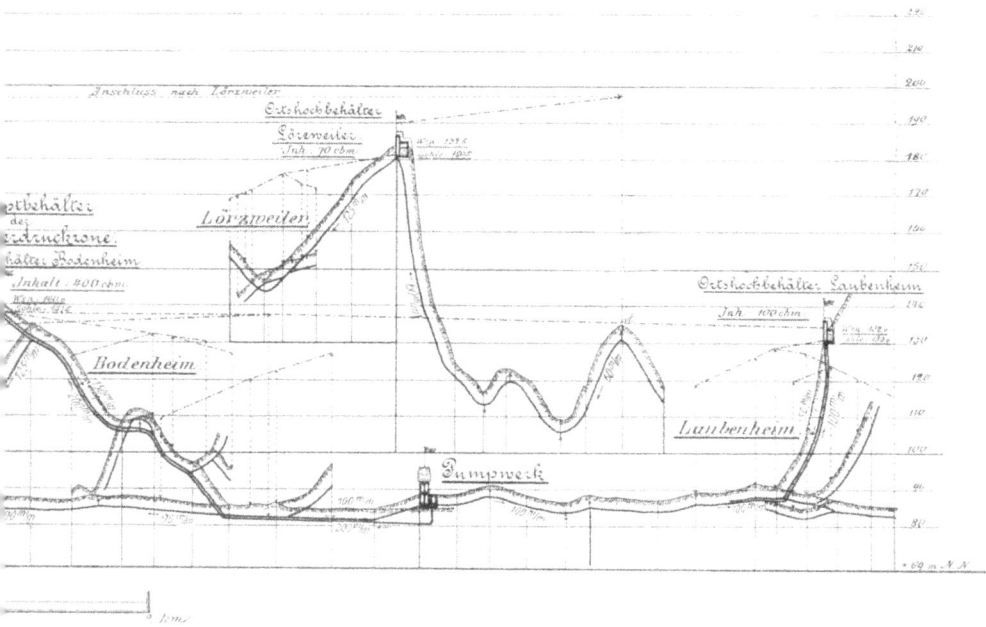

Anschluss nach Lörzweiler

Ortshochbehälter
Lörzweiler
Inh. 70 cbm

Lörzweiler

rbehälter
des
drückkrone.
älter Bodenheim
Inhalt 400 cbm

Bodenheim

Ortshochbehälter Laubenheim
Inh. 100 cbm

Laubenheim

Pumpwerk

+ 69 m N N

bietes. **Höhenplan.**

www.ingramcontent.com/pod-product-compliance
Lightning Source LLC
Chambersburg PA
CBHW031451180326
41458CB00002B/727